マイクロコンピュータの誕生

わが青春の 4004

マイクロコンピュータの誕生

わが青春の4004

嶋 正利著

岩波書店

まえがき

マイクロコンピュータ・チップ・セットが，日本のビジコン社の要請で電子式卓上計算器用として1970年に開発され，パーソナル・コンピュータやプリンターなどの比較的小規模な演算制御機器などに広範囲に採用されるようになってすでに16年ほどが経過した．いまやマイクロコンピュータという用語は，電子・通信技術者ばかりでなく，ほとんどすべての産業・民生機器に携わる技術者に定着した術語になっている．

「集積回路の新たなる時代(a new era of integrated electronics)」という，インテル社会長であるゴードン・モーアが自ら考えたキャッチ・フレーズで，世界初のマイクロプロセッサ4004の広告が，1971年11月15日の『エレクトロニック・ニュース』誌に掲載された．当時のインテル社は，MOSやバイポーラのメモリの開発，製造，販売をしていた従業員500人，年商わずか900万ドルの，小さな，しかし，新鋭の半導体会社であった．広告は，「MCS-4マイクロコンピュータ・システムは4ビットのCPUとROM，RAM，シフト・レジスタで構成されており，CPUチップとは4ビットのパラレル・バス，16個の4ビット・レジスタ，アキュムレータとプッシュ・ダウン・スタックが1チップ上に集積されているマイクロプログラマブルなコンピュータである」と続いていた．このように電卓用に誕生したマイクロプロセッサは1979年には年間

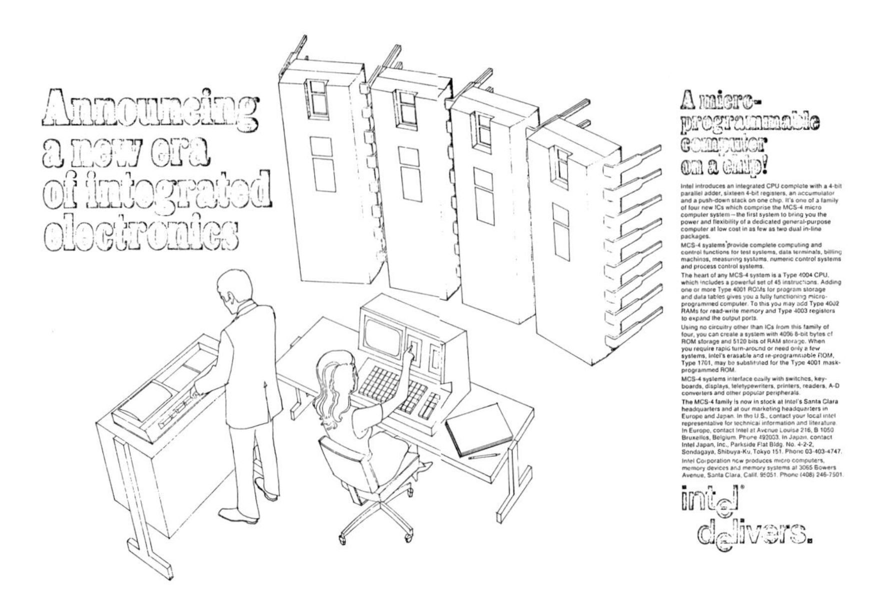

図1 4004発売当時，最初に『エレクトロニック・ニュース』誌に掲載した広告コピー．1チップのマイクロプログラマブル・コンピュータとして売り出した．

7500万個も売れ，1986年には(日本市場と日本からの輸出だけで)年間4億個も売れるという20世紀最大のヒット商品の1つとなった．なお，マイクロプロセッサという言葉は1972年にインテル社によって作られた新語である．

1971年4月にインテル社から4ビット・マイクロプロセッサ4004が発表されてから，今日までの16年間に多種多様のマイクロプロセッサ，ペリフェラル・コントローラ，マイクロコンピュータなどが出現し，これらのLSIが提供する低価格の知的能力が，家電製品，オフィス機器，自動車，電気通信などあらゆる分野に広範囲に活用されている．すなわち，第1の産業革命が，動力によって，人類の機械力学的能力の限界を事実上無くしたように，シリコン小片に乗った知的能力による第2の産業革命が，医療，産業，社会など，将来の我々の生活の多くの面に影響を及ぼすであろうと，予想されている．

ここで，マイクロコンピュータ技術の分野にも一般のコンピュータ技術と同様に，世代観という技術発展の見方を取り入れてみると，第1世代のマイクロコンピュータ(4004, 8008)にはMOSプロセスとしてpチャネル・シリコン・ゲートが使われ，プログラム言語としては，機械語または簡単なアセンブラが使用されていた．第2世代(8080, 6800)になると，より高速性が得られる高電圧nチャネル・シリコン・ゲートのプロセスが採用されるようになり，プログラム言語としてはアセンブラが主流となって，一部でコンパイラが使用された．この第2世代の段階で初めて，パーソナル・コンピュータを導き出したフロッピー・ディスクとDRAMを使用したディスク・オペレーティング・システム(DOS)が誕生し，ソフトウェアの重要性がより強調された．これらの要求を満たすため，豊富な命令を第2世代のマイクロコンピュータに加えた第2.5世代のマイクロコンピュータ(Z80)が，イオン注入技術の発展によってもたらされたディプリーション形低電圧NMOSを使用して，開発された．その歴史がまだ16年にも満たないうちに，第3世代のマイクロコンピュータ(i8086, Z8000, M68000)が広範囲にパーソナル・コンピュータなどに使用されるようになった．この第3世代の開発の推進力となったプロセスはHMOSであり，言語としてはハイレベル・ランゲージ(C言語などの高級言語)が広く使用された．さらに最近になると各社から第4世代の32ビットのマイクロコンピュータが発表され，本格的なパーソナル・ワークステーションへの応用が期待されている．その第4世代の開発を可能にさせたプロセスが，2層メタルの低消費電力CMOS VLSIプロセスである．

このように，マイクロコンピュータの分野でも世代というものは，コンピュータの分野と同様に，必ず素子技術の進歩に裏打ちされている．ただ，過去16年間におけるマイクロコンピュータの発展を振り返ると，素子技術の進歩がその発展に大きく寄与していることは周知の事実であるが，マイクロコンピュータの発展を正確に把握するためには，その他の発展の要因を考慮に入れなければならないことがわかる．

それらの要因には大きく分類すると，技術，製品の仕様とその発表時期，市

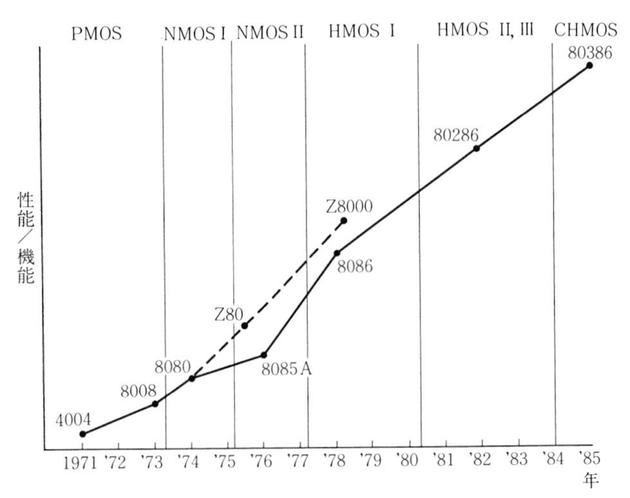

製品名	トランジスタ数	チップ寸法 (mm²)
4004	2,200	12.0
8008	3,100	13.8
8080	5,500	19.6
8085A	6,000	23.5
Z80	8,500	22.2
Z8000	17,500	39.3
8086	29,000	33.4
80286	128,000	50.6
80386	275,000	95.2

図2　半導体プロセスの発展とマイクロプロセッサの進化．新世代のマイクロプロセッサの開発には，前世代マイクロプロセッサに使用されたトランジスタ数の2倍から3倍のトランジスタが要求される．新世代の半導体プロセスが新世代マイクロプロセッサを生み出す原動力となった．

場，などがある．技術をさらに細かく分類すると，製造技術(製造可能な素子技術，パッケージ，組み立て，試験/テスト)，開発技術(ハードウェア・アーキテクチャ/論理/回路/マスク・パターンなどの設計技術や，いままでに開発したマイクロプロセッサなどのLSIデータベースとさらに開発の方法論)，開発援助技術(CAD/CAE，ワークステーション)などがある．近年，企業間の競争力を強化するために，製品の差別化，高性能化，高機能化，コンパクト化，

表1　マイクロプロセッサの歴史

第1世代マイクロプロセッサ(1971–1973)
　4ビット　4004……TTL回路の置き換え
　　　　　　　　　　10進計算
　　　　　　　　　　入出力機器制御や低速回路網の実現
　8ビット　8008……アルファベットや数字などのキャラクタの取り扱い

第2世代マイクロプロセッサ(1974–1976)
　8ビット　8080……8008の強化
　　　　　│←—応用分野
　　　　　│　　インテリジェント端末機，コンピュータ，
　　　　　│　　高速入出力機器制御，ゲーム
　　　　　│←{フロッピー・ディスク
　　　　　↓　{4キロビットのDRAM
　　　　　Z80

第3世代マイクロプロセッサ(1977–1986)
　16ビット　8086……16ビット汎用マイクロプロセッサ
　　　　　　Z8000　　ソフトウェア：高級言語，OS
　　　　　　M68000　ネットワーク：LAN
　　　　　　　　　　図形処理
　　　　　　　　　　高速：コプロセッサ
　　　　　　　　　　　　　入出力プロセッサ
　　　　　　　　　　　　　数値演算プロセッサ
　　　　　　　　　　　超高速入出力機器制御
　　　　　　　　　　　自動車への搭載

第4世代マイクロプロセッサ(1986–　　)
　32ビット・マイクロプロセッサ
　特定応用分野向けプロセッサ
　　図形処理プロセッサ
　　ディジタル・シグナル・プロセッサ
　RISCプロセッサ

などがより強調され，ゲート・アレイなどの特定分野向けVLSI製品(ASIC：エーシック)の急激な発展が予想されている．そのASIC事業に最も重要なものが先に挙げた3つの技術である．

過去16年間で半導体の技術とビジネスは，DRAMメモリとマイクロコンピュータを車の両輪のようにして大きく発展した．本書は，どのような過程を経てマイクロコンピュータが誕生し，発展したかを，直接その両方に関わった開発設計者の目で述べようとするものである．まず知的革命をもたらしたマイク

ロコンピュータとは何かを述べ，第1章と第2章にマイクロコンピュータ誕生の背景とそのきっかけとなった電卓用汎用LSIの開発，第3章と第4章に世界初のマイクロプロセッサ4004の開発と誕生，第5章と第6章にマイクロコンピュータ時代をもたらした8080とパーソナル・コンピュータ時代を築いたZ80の開発，第7章にビジネス用パーソナル・コンピュータ，ワードプロセッサや通信機器などのOA(オフィス・オートメーション)や，ロボットなどによるFA(ファクトリー・オートメーション)を実現させた16ビット・マイクロプロセッサZ8000の開発，第8章に今後のマイクロプロセッサの開発と発展について記す.

1987年　早春

嶋　正利

目　次

[1] マイクロコンピュータ誕生の背景

1 マイクロコンピュータとは何か

マイクロコンピュータを構成している主要素子であるトランジスタは，1948年にアメリカにおいてショックレイ，バーディーンとブラッテンによって発明され，1959年にはホーリニーによりシリコン・プレーナ・トランジスタが発明された．さらに，高密度集積回路(IC)への道を開くことになったシリコン・プレーナ集積回路の開発が，1961年にノイスによってなされた．そして半導体ディジタルICの生産がアメリカのフェアチャイルド社やテキサス・インスツルメント社で開始された1962年頃には，アメリカにおいて，「コンピュータ・オン・チップ」という予想が立てられた．すなわち，1枚のシリコン・ウェーハ(基板)上にコンピュータを構築してしまおうという考えである．しかし残念なことに，やっと数十個のトランジスタが集積可能となった時代だから，それはただ単なる予想に終ってしまった．

そして，1960年代後半に開始された電子式卓上計算器用LSIの開発，とりわけ電卓用の汎用LSIを開発する過程で生れた4ビット・マイクロプロセッサ4004が，世界初の「コンピュータ・オン・チップ」の光栄ある称号を得

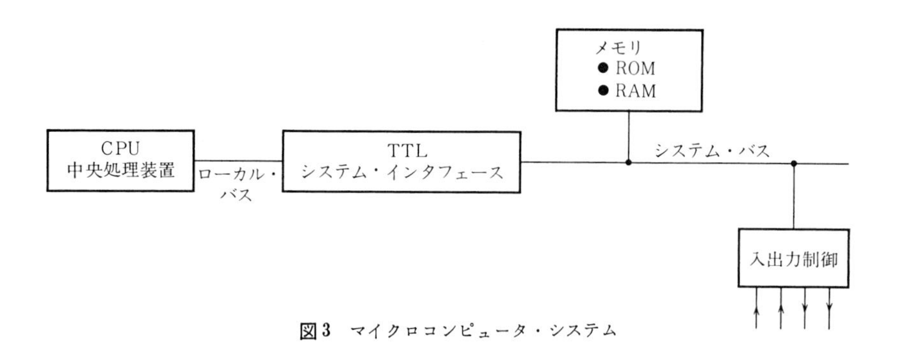

図3　マイクロコンピュータ・システム

ることができた．マイクロコンピュータという名前は，1971年秋のウェスコン・ショーにおいて，4004の基本的アイデアをもたらしたインテル(Intel)社のテッド・ホフによってMCS-4(Micro Computer System)として発表された．

マイクロコンピュータ・システムの心臓部に相当するCPU(中央処理装置，Central Processing Unit)はマイクロプロセッサと呼ばれ，命令をROM(読み出し専門メモリ，Read Only Memory)からシステム・バスを通して読み込み，命令を逐次実行する．また命令に従って，データを格納しているRAM(随時読出し書込みメモリ，Random Access Memory)やペリフェラル(入出力制御装置)チップとCPU間でデータのやり取りを実行する．すなわち，コンピュータの概念とまったく同じである．CPUをマイクロプロセッサと名付けたのは，電卓に使用したマクロ命令と比較して，より低い(コンピュータの機械語に近い)マイクロな命令を採用したためである．ところで，マイクロコンピュータ誕生のきっかけになったプログラム論理方式を使用して設計されたプリンター付き電卓の論理図には，すでにマイクロ・コードとしての命令が書き込まれてあった．本書では，LSI技術で作られているCPUをマイクロプロセッサと呼び，そのシステムをマイクロコンピュータ・システムと呼ぶ．近年，CPUチップに中央処理装置としての機能のほかに種々の入出力制御などの機能が集積されたため，プロセッサと呼ぶよりマイクロコンピュータと呼ぶほうが多くなったようである．CPUにROMやRAMなどのメモリやペリフェラルを集積

intel® MCS-4™ MICRO COMPUTER SET

MCS-4™ MICRO COMPUTER SET

APRIL 1972

- Microprogrammable General Purpose Computer Set
- 4-Bit Parallel CPU With 45 Instructions
- Instruction Set Includes Conditional Branching, Jump to Subroutine and Indirect Fetching
- Binary and Decimal Arithmetic Modes
- Addition of Two 8-Digit Numbers in 850 Microseconds
- 2-Phase Dynamic Operation
- 10.8 Microsecond Instruction Cycle
- CPU Directly Compatible With MCS-4 ROMs and RAMs
- Easy Expansion—One CPU can Directly Drive up to 32,768 Bits of ROM and up to 5120 Bits of RAM
- Unlimited Number of Output Lines
- Packaged in 16-Pin Dual In-Line Configuration

The MCS-4 is a microprogrammable computer set designed for applications such as test systems, peripherals, terminals, billing machines, measuring systems, numeric and process control. The 4004 CPU, 4003 SR, and 4002 RAM are standard building blocks. The 4001 ROM contains the custom microprogram and is implemented using a metal mask according to customer specifications.

MCS-4 systems interface easily with switches, keyboards, displays, teletypewriters, printers, readers, A-D converters and other popular peripherals.

A system built with the MCS-4 micro computer set can have up to 4K x 8 bit ROM words, 1280 x 4 bit RAM characters and 128 I/O lines without requiring any interface logic. By adding a few simple gates the MCS-4 can have up to 48 RAM and ROM packages in any combination, and 192 I/O lines. The minimum system configuration consists of one CPU and one 256 x 8 bit ROM.

The MCS-4 has a very powerful instruction set that allows both binary and decimal arithmetic. It includes conditional branching, jump to subroutine, and provides for the efficient use of ROM look-up tables by indirect fetching.

The Intel MCS-4 micro computer set (4001/2/3/4) is fabricated with Silicon Gate Technology. This low threshold technology allows the design and production of higher performance MOS circuits and provides a higher functional density on a monolithic chip than conventional MOS technologies.

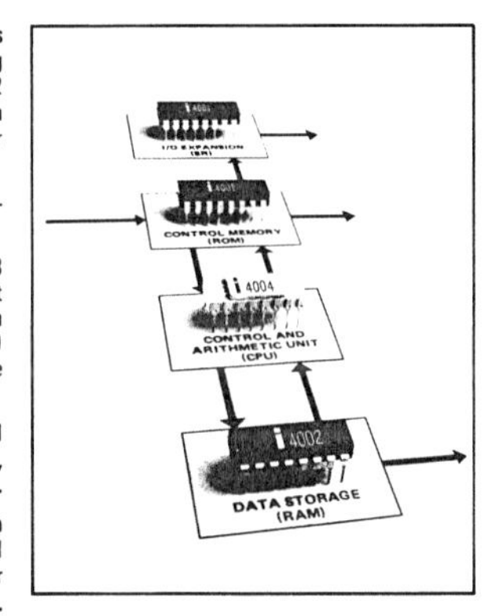

図4　4004マイクロコンピュータの最初のカタログの表紙

したチップを，マイクロコントローラまたはワンチップマイコンと呼ぶ.

電子式卓上計算器の登場と発展

電子式卓上計算器は1960年代初頭にイギリスのアニタ(ANITA)社により，真空管を使って開発された.しかし真空管式のため寸法も消費電力も大きく，日本ではほとんど普及しなかった．ただその発表の衝撃は大きく，シャープ，大井電気，カシオ，ビジコン，キヤノンなど数多くの日本の会社が電卓の開発に着手し，1964年に入るとシャープがトランジスタ電卓の開発に成功した．それはトランジスタとダイオードを使用したフルキー式2桁で，四則演算だけが可能な電卓(コンペット)であり，幅42 cm，奥行44 cm，高さ25 cm，重量25 kg，価格50万円強であった．つづいて，同じ年の5月のビジネス・ショーでキヤノンからトランジスタ電卓が，大井電気からパラメトロン素子を利用した電卓が発表され，電卓時代の幕が切って落された．その当時の電卓の平均価格は約40万円台であった．さらに，1966年になると，ビジコン社がメモリ付き電卓を29万8000円で市場に投入したことにより，電卓の事業が急速に発展し，同時に価格競争が始まった.

私が大学を卒業したのが1967年で，卒業研究は有機化学の反応速度に関するものであった．それにはかなりの計算が要求された．その計算のためモンローの電動計算器をよく利用したものである．それは加算，減算，乗算の三則の演算しかできなかったが，かなりの貴重品であったのだろうか，その計算器が計算機室と名づけられた部屋に大切に設置されていたのを今でもよく思い出す.

1967年頃になると，トランジスタを使用した電卓に代わってIC電卓が各社から次々と発表された．最初のIC電卓には200個ほどのICが使用されていた．さらに，事務機用電卓ばかりではなく，プログラム機能付きで，しかも表示用にブラウン管を使用した科学計算用電卓も登場するようになった．現在では，かなり充実した機能がわずか数千円で入手可能であるが，当時はICの値段が高く，盛り込む機能と使用するICの個数との調和を取るのが商品設計上

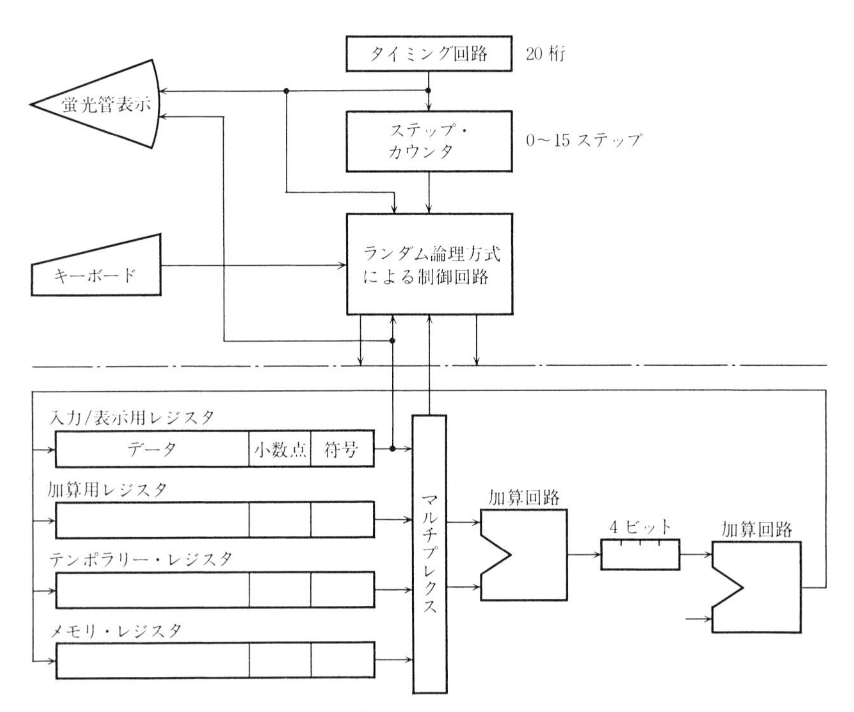

図5　電子式卓上計算器の内部ブロック図

で一番難しかった．たった16桁のデータを4つ格納するメモリ(シフト・レジスタ)の値段が，新入社員の月給の4分の1の8000円もした時代であった．各社のニューモデルの電卓の機能を調べるためや，自分の勉強のために，大きなビジネス・ショーからちょっとしたショーまで，電卓の新製品発表の会場にはよく行ったものである．この当時の電卓業界は，各社とも自分たちがこの業界を築き発展させていくのだというような，ベンチャー企業的な色彩が濃く，電卓の機能にも各社の強い主張が見られ，夢多き時代であった．ちなみに，その当時のビジコン社における大学卒の初任給が2万9800円であり，レディメードの背広も月給と同じぐらいの値段であった．すなわち，当時の電卓は，今のビジネス用高級パーソナル・コンピュータと同じ価格だったことになる．ただ，電卓IC化の動きから推して，電卓の生産台数は年々指数関数的に増加するものと予想された．事実，1965年からの生産累計で見ると，1978年には93万台，1981年には194万台に達した．そして，1986年には年間8600万台の生産台数に達した．

この当時では，大企業を除いては信頼性や品質を調べる機器は入手困難であったので，新製品ができ上がると，振動検査器に掛けるだけではなく，輸送のことも考慮に入れて，梱包済みのものを2階の階段からゴロゴロと1階まで落していたのをよく見たものである．

電卓の値段が30万円を切るようになって，電卓が「計算機から計算器」へと衣替えをし，販売先が「会社から各課」へと変わった．さらに，ICの驚異的な発展を目の当りに見ていると，パーソナル電卓(ポケット電卓)の芽ばえが感じられるようになり，より一層の小型軽量化と低価格化が，高性能化，高機能化と同時に電卓の開発に要求されるようになった．すなわち，本格的な大量生産時代に入り，電卓も本格的な価格競争の時代に入ったわけである．やがて1968年11月になると，シャープからMOS(Metal Oxide Semiconductor) LSIを使用した電卓が発表され，生存を賭けた電卓競争の時代に突入した．そのLSI電卓は翌1969年12月，「マイクロ・コンペット」の名前で発売が開始された．幅13.5 cm，奥行24.7 cm，高さ7.5 cmの8桁四則演算機能をもった交流電源のもので，価格は約10万円した．

トランジスタ電卓の開発の開始からLSI電卓の完成まで，わずか7年の年月しか掛かっていない，驚異的な開発競争であった．その驚異的な発展を電卓業界にもたらしたのが半導体の急激な進歩である．

半導体論理素子技術の発展

1959年に，ホーリニーが半導体史上の画期的な技術であるシリコン・プレーナ・トランジスタの開発に成功し，これによってトランジスタの量産技術が確立した．そのプレーナ技術とは，シリコン基板を空気中で加熱して二酸化シリコン膜を全面に形成し，必要な部分だけ窓孔をあけて，露出したシリコンに外部から添加原子を必要回数順次拡散させ，トランジスタやダイオードを作る方法である．その表面の平坦さから，プレーナ技術と呼ばれている．このプレーナ技術が基礎になり，2年後の1961年に，ノイスによってシリコン・プレーナ集積回路(モノリシックIC)が成功裏に開発された．最終製品であるシステムの信頼性を高めるための1つの手段は，素子間の配線をできるかぎり少なくすることである．また，システムをできるかぎり高密度にするためには，同一シリコン基板上により多くの素子を配置することである．シリコン・プレーナ集積回路技術は，シリコン基板上にそれぞれpn接合分離や絶縁分離によって独立した素子を多数配置したのち，これらの素子間の配線を絶縁層を介して行ない，高集積回路を得る技術である．この技術により，最終製品であるシステムの信頼性と生産性は飛躍的に高まった．

電卓に使用する論理素子は，製品の低価格化，高生産性化，高信頼性化のため，常に半導体の新製品開発の動きに歩調を合せるような関係になった．すなわち，1964年に発表された日本初の電子式卓上計算器にはトランジスタとダイオードが採用されており，1967年に生産が始まったIC電卓には，ICの最初の製品であるDTL(Diode Transistor Logic) ICが使用されていた．DTL ICは速度こそ遅かったが，ノイズ・マージン(雑音許容度)が高く，電卓には非常に使いやすいICであった．ところが，1967年頃，より高速なTTL(Transistor Transistor Logic) ICの大量生産が半導体会社で開始されると，生産コストが高くなったDTL ICは生産中止となってしまった．ただ，TTL ICにはDTL ICと比べてかなり多くの種類の論理ICファミリーが開発されるであろうことが，半導体会社から情報として流された．すなわち，ゲートやフリップ・フロップなどの単なる基本的な論理ICだけでなく，演算に使用する全加算器(フルアダー)や10進カウンタなど，ある程度のまとまった機能を満たすMSI(中規模集積回路，Medium Scale Integrated Circuit)が数多く出現するであろうことが予想された．

ここで困ったことが生じてきた．ICの半導体会社はすべてアメリカにあり，しかも，毎月毎週といっていいほどにTTL ICの新製品が発表されるようになってしまい，日本で開発していると最終的な論理回路設計図の作成が不可能となってしまった．そこで，TTL ICの総本山ともいうべきフェアチャイルド社のあるカリフォルニア州マウンテンビュー市に臨時の設計事務所を設けて，一度基本的なICで簡単に論理設計を日本でしたあと，最新のIC情報に基づいて最終設計をする必要に迫られた．

一方，今まで取り上げたバイポーラ型トランジスタと比較してはるかに製造工程の簡単な，そしてはるかに高密度が期待されるMOS型トランジスタが，カーングらによって1964年に特許申請された．しかし，シリコン基板の表面処理技術の未開拓，界面コントロールに関する知識不足，さらに酸化膜の不安定性によるチャネル形成の不確定性などの問題で，数年間MOSトランジスタは製造されなかった．MOS技術は，原理的には絶縁分離の必要性がなく，製造の工程も少なく，さらに直列に2個のトランジスタを接続するときに次段のソースと共通な拡散が使えたりして，バイポーラに比べ数分の1の寸法が期待され，LSIに最も適した半導体プロセスでもあった．そこで，トランジスタへの実用化を飛び越して，一挙にLSIへと進展した．その最初の製品がMOSメモリの最も簡単なタイプの200ビット(10進のデータで16桁レジスタを3本分．これは簡単な電卓に最適な量である)のシフト・レジスタであり，1968年にテキサス・インスツルメント(TI)社によって開発された．それまでの電卓では，メモリに磁気を利用した不揮発性のコア・メモリが使用されていた．しかし，小型軽量化のため，MOSシフト・レジスタが電卓への最初のLSIとして採用された．1965年に論理用MOS ICの生産が開始されたが，電卓にはあまり利用されなかった．

日本の電卓各社が，TTL ICやMOSシフト・レジスタLSIを使用して電卓の開発に夢中になっていた1968年に，シャープがノースアメリカン・ロックウェル社と電卓用LSIの共同開発に着手し，それは1969年に8桁電卓「マイクロ・コンペットQT-8D」として商品化された.

ビジコン社へ入社

私が入社した1967年頃のビジコン社は，総従業員数四,五百人ぐらいの，中企業へ脱皮する直前の会社であった．また手回し計算器の事業から出発して，電卓の開発と製造販売，会計機や電子計算機の販売やソフトウェアの開発へと，大きく急速に成長していく若くてバイタリティのある会社であった．京都の峰山に手回し計算器の工場があり，大阪の茨木に電卓の工場と開発部門があった．東京には販売部門と電子計算機関連の部門があった．また，ビジコン社には電子計算機のシステムエンジニア(SE)やカストマエンジニア(CE)が多くいて，電子計算機のハードウェアの保守や，アプリケーション・ソフトウェアや基本ソフトウェアの開発に従事していた．大学4年時の1966年の夏，就職活動はすでに峠を越しており，折からの化学工業のビジネス沈滞により，いわゆる買い手市場になっていた．同級生のなかには純粋の化学系ではない化学関連会社に就職を変更するものがだいぶ出てきた．特に，中学時代にロケット遊びで手を怪我した私は，なかなか自分が学んだ化学系の会社の試験に合格せず，自分の進路を変えざるをえなくなった．そして幸運なことに，同じ化学教室の教授の友達の経営するビジコン社に就職することができた．自分が希望して学んだ専門を，自分の意志でなく離れることは断腸の思いであったが，もう一度最初から始めるつもりでビジコン社に入社した．あとから振り返ると，今まで7,8回の転機なり試練があったが，すべてより良い方へと進むことができた．いずれの場合もあまり深刻に考えずにチャレンジしたことが成功への道であったのかもしれない．新しいことに関しては，批評家にはならず，自分がそれに惚れ込んで仕事をすることが，最も重要であり守らなければならないことであった．もう1つ重要なことは，すべての条件を考慮し分類し，それぞれに優先順位をつけて，深く問題について考え，そして答を出すことであった．特定の専門分野を持っていなかった私は，何のベースをも持たないかわりに何事にも執着する必要がなく，自由に物事を考えることが可能であった．この考えるということはなかなか難しく，たいていは知識なり経験に頼ろうとし，人間の考える能力を知らぬ間に殺してしまう．この考えるという能力と，大学時代に自分なりに勉強し会得した方法論が，私の最強の道具となり武器にもなった．

入社すると，私は電子計算機部に配属された．そして三菱電機の電子計算機を扱っていたためと，私に電気の経験がまったく無かったため，三菱電機でソフトウェアの教育が開始された．その教育はプログラマの養成を目標としていたためか，そのトレーニングはあまり程度の高いものとは言えず，速度もかなり遅かった．しかも困ったことに，経理を主体としたアプリケーション・プログラムにも，ほとんどといっていいほど興味が湧かなかった．ただ電子計算機とプログラムそのものには強く魅かれる何かがあるような感じがして，会社で教えてくれるアセンブラ，マクロアセンブラや事務用言語 COBOL などのほかに，自分で，科学計算用 FORTRAN の言語や PERT 手法の勉強をよくしたものである．5か月ほどして，生意気に思われたのか，三菱電機のほうから好ましくない人材であることが伝えられたようだったので，思い切って進路を変えるべく電卓部への配置転換を希望した．ただ，すぐ配置転換することができずに，2か月ほど営業の手伝いをした．1年に1台か2台の電子計算機が売れればよい販売だったので，いろいろと貴重な体験をしたものである．

後年，こうしたプログラミング技法と電子計算機の概念の修得が，マイクロプロセッサ誕生の布石になろうとは夢にも想像しなかった．

ハードウェア・アーキテクチャの発展

10月に入ると，待望の，日本計算器製造株式会社茨木工場電子式卓上計算器開発部への出向命令が来た．電卓開発部門への配転は自分で希望したものの，電気なぞ，アマチュア無線の免許を中学時代にとって以来で，高等学校の後は何の勉強もしていなかった．

不安と希望を両方しょってひとまず大阪に向かった．なにも勉強せず手ぶらで行くのも悪いから，2冊の本を買った．『ディジタル電子計算機』(高橋茂)と『論理数学とディジタル回路――オートマトン入門』(宇田川銈久)．2冊とも非常にわかりやすく書かれており，計算機の概念にとどまらず，簡単な電子計算機の具体的な設計までが書かれていた．さらに論理のイロハからその応用までが書かれていて，電子技術への貴重な入門書となった．ただ残念なことに，電磁気学などの電子の基礎を勉強しなかったのが心残りであった．一方，私は電子を勉強しなかったせいか，問題が生じるとその解決方法を半導体プロセスの改造に向けるのではなく，その応用，すなわち新しくディジタル回路で解決しようとする傾向が強かった．後から振り返れば，このこともマイクロプロセッサ誕生と結び付いていた．ともあれ，開発部門へ出向して約6か月，よく勉強したものである．もっとも，当時は月給も安く，パチンコや本屋に行くぐらいしか時間の使い方を知らなかったのではあったが．

運良く電卓開発部に移籍したのと同時に，新しいプロジェクトが始まった．その機種は，ビジコン社にとって3機種目の電卓であった．ビジコン社の最初の電卓はトランジスタ電卓で，論理素子にはトランジスタとダイオードを，メモリには磁気コア・メモリを使用した．29万円台の価格で電卓業界に価格競争をもたらした機種で，大ヒットをし，営業に10か月のボーナスが出たというような噂が飛んだほど大いに売れた．2機種目は，論理素子にDTL ICとトランジスタを使用し，メモリには小型軽量化されたコア・メモリを使用した第1世代のIC電卓であった．この両機種を開発された丹波堂氏は，私が茨木工場に出向するのと同じ時期に，ビジコン社の東京における電卓の開発製造工場(電子技研株式会社)を設立するために東京に移った．

今度の3機種目は，軽量小型化のため，論理素子としてTTL ICのみを使用し，メモリにはMOS LSIシフト・レジスタを採用する予定であった．さらに，キーボードに磁気コアを採用して軽量化を計る予定であった．したがって，論理を理解するのには最適なプロジェクトだった．論理方式はいわゆるランダム論理方式で，最初のマイクロプロセッサに使用した制御方式であり，キーボード入力情報とステート・タイミングとの組み合わせで，有限状態機械(Finite State Machine)のように論理を組み立てていく方式であった．例えば，ステップ1ではキーボードの入力を待っており，キーボードが押されると，それが例えば加算キーであれば，ステップ2では……，ステップ3では……という具合に論理を組むのである．したがって，論理を組むのはあまり難しくないが，その簡単化が非常に難しい．ただ，いったん論理が完成すると，説明したり理解したりするのはたいへんに楽であった．

ところが，新しいTTL ICがアメリカで次から次へと開発され始めると，情報不足が日ごとに増し，最新版のTTLを使用した最終の論理回路図の完成が難しい情勢になった．そこで，開発課長を中心に，主だった設計者数名が渡米してしまった．残された私たちは，磁気コアを使ったキーボードを開発したり，書き上げられた論理図に基づき，布線表を作って配線し，電卓の一部を組み立てて論理の確認をしたりした．この布線表作りはシステム作りには非常に大事な仕事で，規則的でかつ電子的に安定な配線経路を最短で得るために，基板のシステム内における位置や，基板内のICなどの素子の配置をうまく考える必要があった．この布線表作りはLSIのマスク・パターン(レイアウト)とも非常に似ていた．どちらも2次元であり，1つ1つの配線は楽だが，その配線数が膨大になると配線の速度を上げる方法を考えたり，配線ミスをいかに無くすかを考えなければならない点が似ていた．

プロジェクト・チームの主体が渡米してしまったため，仕事への情熱も日に日に減少してしまい，個人的な理由もあって，故郷の静岡に1968年の4月に帰郷した．8月になると東京の電子技研から呼出しがあり，プリンター付き電卓を開発するので会社に戻らないか，という要請であった．電卓の開発には非常に興味があったので，せっかく見つけた県庁の科学鑑識の仕事を捨てて，ビジコンに戻った．電卓の開発には，今のパソコン用ソフトウェアの開発のように，その当時の若者の心を引き付ける大きな磁石のようなものがあったらしい．

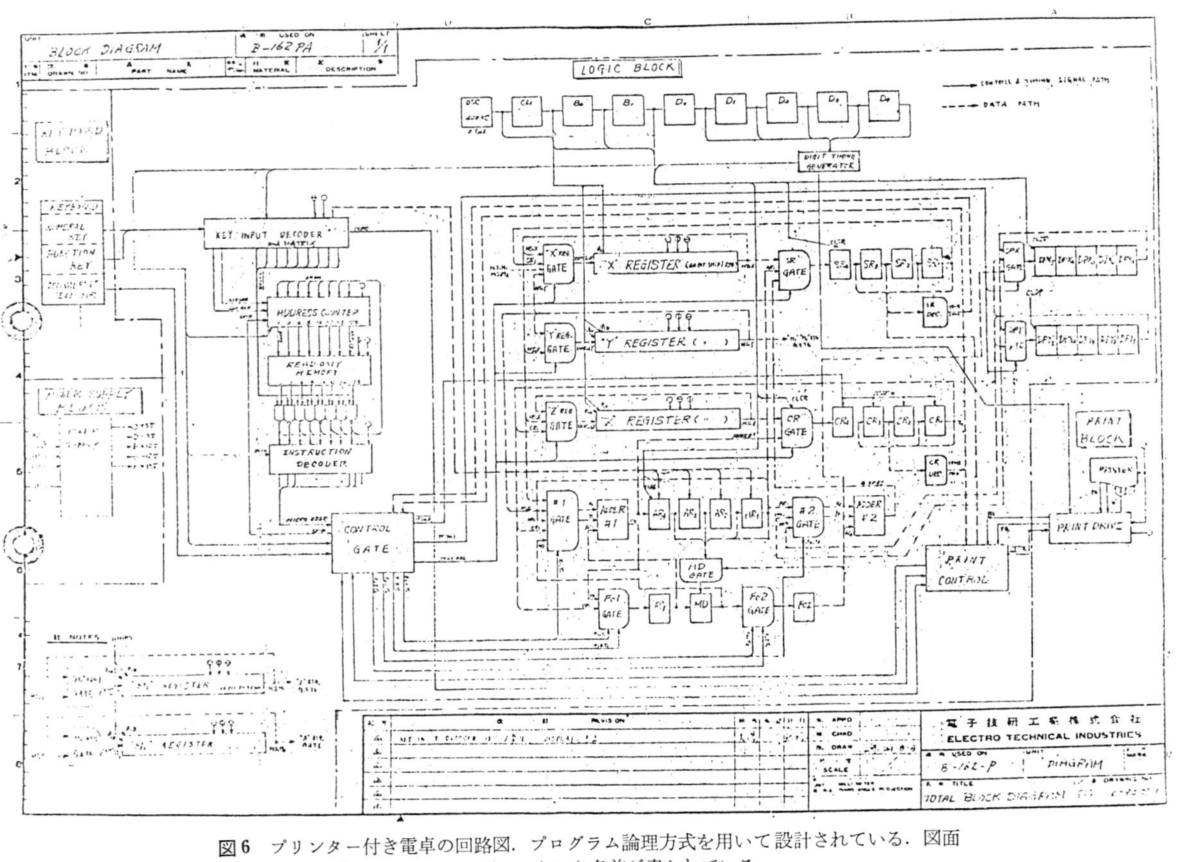

図6　プリンター付き電卓の回路図．プログラム論理方式を用いて設計されている．図面にはっきりと「マイクロ・オーダー」という名前が書かれている．

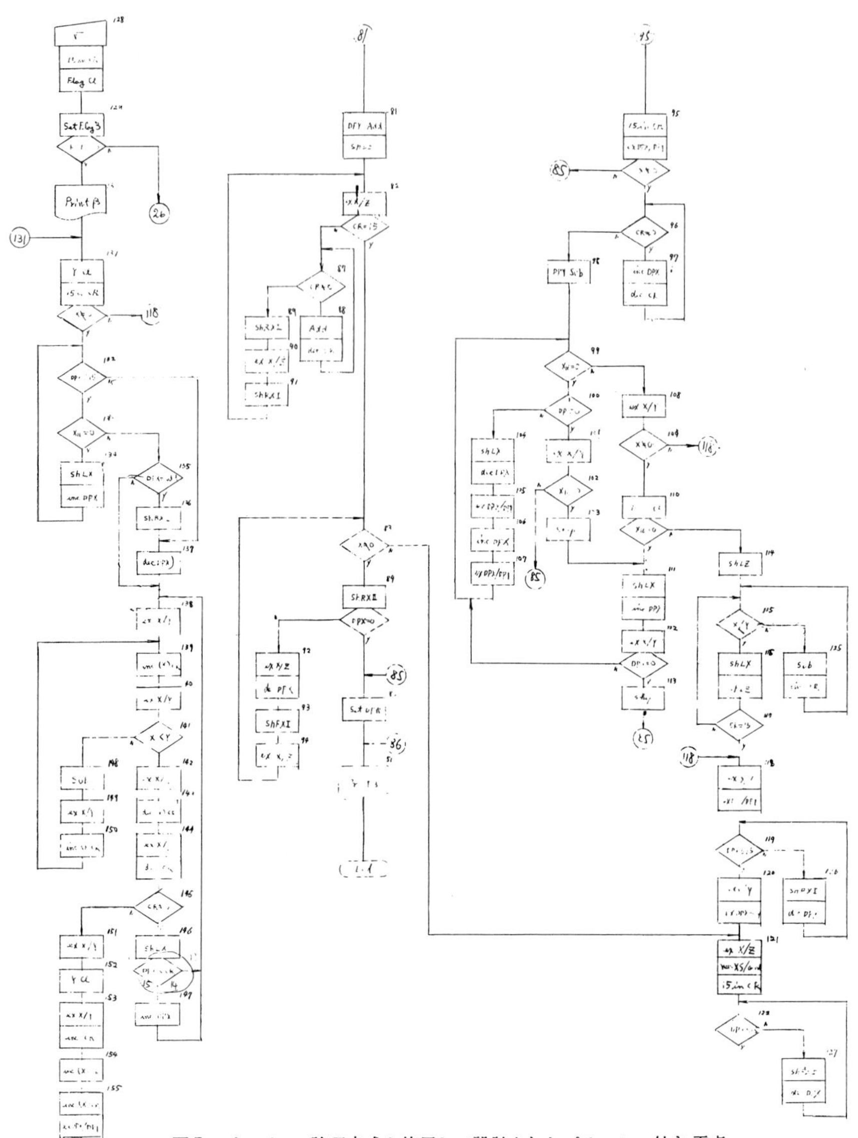

図 7　プログラム論理方式を使用して設計されたプリンター付き電卓のプログラムのフローチャートの一部．マクロ命令(マイクロ・オーダー)でプログラムを組んで電卓の機能を実現している．

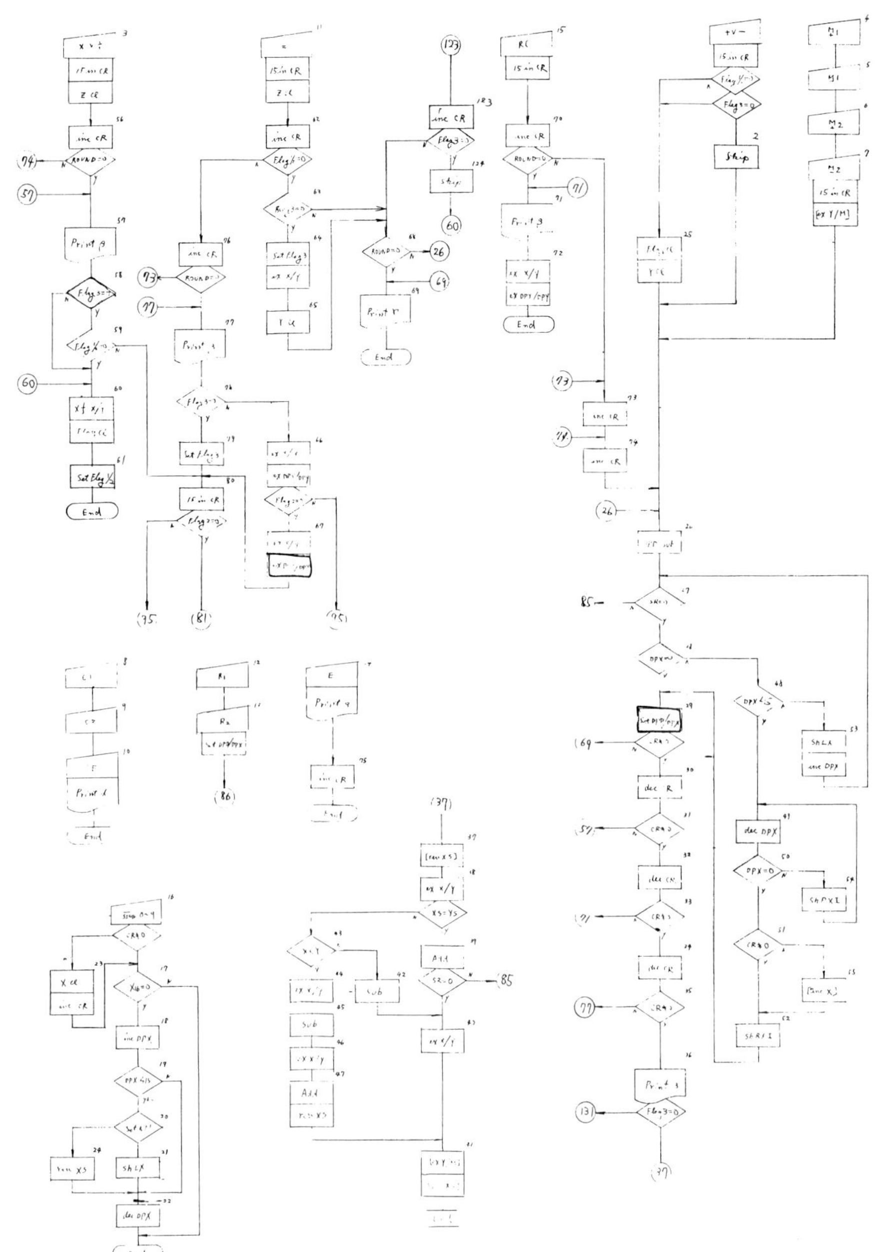

電子技研に再入社すると，すでにプリンター付き電卓だけでなく，科学計算用電卓やビリング・マシン(伝票発行機)の開発が着手されていて，その熱気に圧倒された．茨木工場から移籍した丹波堂氏の下に，若くて優秀な技術者が数多くいた．電卓部門に配属されると，さっそく新機種の機能と新しい論理方式の説明があった．その新しい論理方式が，また一歩マイクロコンピュータ誕生へと導いてくれた．それはマイクロ・オーダー(命令)を使用したストアード・プログラム論理方式であった．ただプログラムを格納しているメモリが書き換えのできるRAMではなく，読み出し専門のROMであった．ROMといっても，当時はLSIのROMがなく，トランジスタとダイオードの組み合わせで作られたROMであった．丹波氏は以前ユニバック社でハードウェアの担当をしていたため，コンピュータの論理方式に詳しかった．

一方，年々，電卓の機能仕様が客先ごとに異なるOEM (相手先商標製品) ビジネスが，アメリカのNCR社とばかりでなくヨーロッパ向けにも増えており，OEM先ごとに電卓の機能を簡単に迅速に変えられるように，従来の固定したランダム論理方式に変わる，柔軟性のある新しい論理方式が必要になってきた．また，技術者にランダム論理方式に対する飽きがあり，これも新方式導入の一因であった．私がいくらかでもプログラムを知っていそうに見えたのか，丹波氏の指導のもと，私が電卓に必要なマクロ命令の定義をし，電卓のプログラムを組むことになった．困ったことに自分よりかなり上司の，しかも経験豊かな論理回路設計者にマクロ命令の説明やその細かな部分の打ち合わせをしなければならなかった．半年後の1968年の秋には試作品ができあがり，徹夜をしながら完成させた．

当時はまだプロセッサ(中央処理装置)とメモリというはっきりした物理的な区別をしていたわけではない．しかし，電卓業界では初めて「メモリの内容を変えるだけで違った電卓モデルを作ることが可能である」という発想が生れたのである．この提案は年々複雑な機能が加えられつつあった電卓において，複雑で時間と金の掛かる論理設計を容易なものにしてくれた．1968年春にこのような提案をし，さらにそれを実行に移すのは，非常に勇気のいることであった．

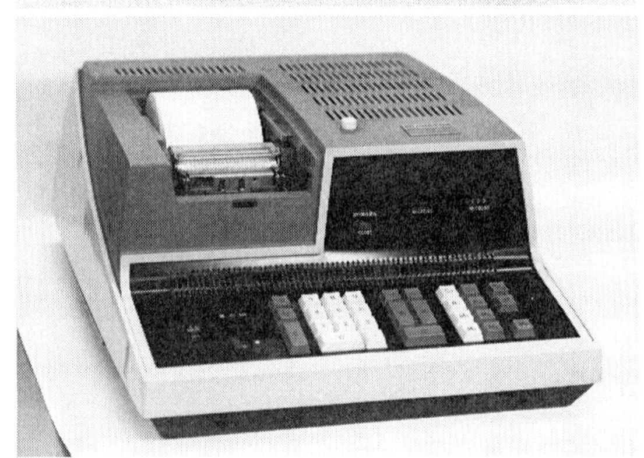

図8　プログラム論理方式を用いたプリンター付き電卓．抜き出したボードはダイオードとトランジスタで実現したROMの一部．

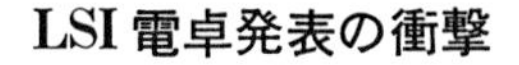

6 LSI電卓発表の衝撃

1968年頃の電卓業界は，現在のマイクロコンピュータ関連の半導体業界の状況と同様に，高性能化，多様化，低価格化，軽量化，高信頼性化へと向かっていた．1969年に入ると，電卓をLSI化しようという機運はいよいよ高まった．日本では当時，日本電気などで簡単なMOS ICの製造が始められたばかりであった．その頃の半導体技術の発展はすべてアメリカでなされたもので，アメリカとの差が4,5年あるように思えた．ビジコン社も，アメリカの調査専門会社に依頼して，提携可能な半導体メーカーの選択と，LSI設計に必要な情報の入手を開始した．その頃，電卓業界はLSI化をめぐって熾烈な競争を展開していたのである．電卓のLSI化への道をつけたのはシャープであった．4チップのMOS LSIを使って8桁電卓「マイクロ・コンペットQT-8D」を1969年に発表し，そして商品化した．その発表はかなりセンセーショナルで，完全に先を越されてしまった感がしたものである．

この4チップのMOS LSIは，シャープがアメリカのノースアメリカン・ロックウェル社(現在のロックウェル・インターナショナル社)と1968年から共同開発したものである．より低消費電力を実現するために，4相クロックを用いたダイナミック回路を基本に使用し，ランダム論理方式で設計されていた．4チップはおのおの，キーボード/表示回路，アドレス制御，小数点制御，中央計算ユニットである．チップ・サイズは2.74×3.45 mmから3.6×4.17 mmであった．トランジスタ素子数は，1400から2800であった．

この4チップ構成の電卓用LSIは，集積度こそあまり高くなかったが，電卓業界に衝撃を与えただけではなく，メモリ以外にもLSIの市場を探し求めていたアメリカの半導体メーカーに希望の光を与えた．アメリカの半導体会社は量のメリットを追求すべく，急成長を続ける日本の電卓ビジネスに多大の関心を示すようになり，非常に大きな希望を向けてきた．これをきっかけに日本の電卓技術とアメリカの半導体技術が，いっきに1つの方向，すなわち電卓のLSI化の方向へ向かって走り出したのである．

電卓用汎用LSIの開発

1 ビジコン社とインテル社との開発契約

ビジコン社は提携先として，アメリカの調査会社の情報に基づき，成長株で設立されたばかりのインテル社とモステック社を選んだ．どちらも従来のメタル・ゲートMOSプロセスと比較して，はるかに高密度と高速性が実現可能であろうpチャネル・シリコン・ゲートMOSプロセスを開発し，それを生産に結びつけた会社である．まず携帯用電卓の開発を狙っていた日本計算器製造は，モステック社と組んでランダム論理方式による世界初の電卓用1チップLSIを開発した．そして1971年春には，このLSIを使った「てのひら電卓」を発表している．一方，電子技研の方は，インテル社と提携して，何種類もの電卓やビリング・マシンなどのビジネス機器に応用できる，電卓用の汎用LSIを開発する方針を決定した．契約総キット数は6万キットとし，10万ドル(現在の1億5000万円から2億円ほど)の契約金を想定した．

プロジェクトチームの結成と渡米

プリンター付き電卓の試作でほとんどの人が忙しかったせいか，マクロ命令とプログラムの担当で一番暇だった私がLSIシステムの構成を6月の渡米までに考えることになった．基本方針として，プリンター付き電卓で開発したプログラム論理方式を採用した．データ用メモリとしてシフト・レジスタを使用し，プログラム用メモリとしてはトランジスタとダイオードで作ったROMではなく，MOS LSIによるROMを使用しようとした．すなわち，ROM内のプログラムの変更で仕様の異なる何種類もの電卓を開発するという方式を採用したのである．新しく開発する電卓には，計算能力のほか，キーボード，蛍光表示管，プリンター，CRT，IBMカード，磁気カードなど，かなりの種類の入出力機器の増設を予定していた．LSIチップは最大7種類を考えていた．基本となるチップは，主演算回路，プログラム制御，タイミング制御，データ用シフト・レジスタ，プログラム用ROM，の5種類であった．それに入出力増設用として，キーボード/表示制御，プリンター制御の2チップを用意していた．電卓の最小システム構成は，表示式の場合6種類6チップ，プリンター式の場合7種類7チップとなった．使用可能なパッケージを16ピンと24ピンに仮定して，各チップ内のブロック図を作成した．各チップのトランジスタ数は1000から3500と予想し，総注文量を6万キットと仮定して，LSIキット価格を50ドルと想定した．

5月に入ると，渡米開発メンバーが正式に決定した．プロジェクト・マネジャーは論理と回路に抜群の実力と実績があり，丹波部長の右腕である増田さん，さらに論理設計に強く，1年のアメリカ滞在の経験のある高山省吾さん，そして命令作成とプログラム作成担当の私，の3人となった．当時私はインテル社との契約内容を知らなかったことと，命令される立場にいたので，自分たち3人はインテル社とLSIの仕様の打ち合わせに渡米するのであって，LSIの論理設計はインテル社がやると思っていた．まさかLSIの設計を自分たちがするとは夢にも思わなかった．特に私はメンバーのなかで一番若かったせいと，自慢ではないが英語そのもの，まして英会話には高校以来まったく自信がなかったので，連れていってもらう，という感じが非常に強かった．

ホフの登場

1969年6月20日，私はビジコンの子会社，電子技研の社員として同僚2人と共にアメリカのインテル社に向かった．電子技研が製品化を急いでいた電卓用の汎用LSIをインテル社と共同開発するためであった．これが，結果的に1971年4月に発表された世界初のマイクロコンピュータMCS-4の開発につながるのだが，当時はもちろん，マイクロコンピュータを開発するなどということはまったく念頭にもなかった．

1969年は，ジャンボ機747就航の前年のため，羽田発のボーイング808にて，ハワイ経由で20時間かけてカリフォルニア州サンフランシスコへ向かった．飛行機の座席は狭くてクッションも悪く，今思えばたいへんな旅であった．もっとも，当時は海外旅行はまだまだ一般的でなく，外国に行くことは非常に稀で，夢のまた夢だった．アメリカとの往復の旅費が新卒の年収とほぼ一致した時代である．初のあこがれの渡米は，私に興奮と緊張ばかりでなく，非常な楽しみをもたらした．英会話にはまったく自信はなかったが，何でも見てやろう，そしてやってみようといった心境でアメリカに渡った．やっと着いたサンフランシスコ空港にはテッド・ホフが迎えに来ていた．

ホフの第一印象は，痩せてはいたががっちりとして背が高く，もの静かで，眼鏡を掛けた知的な感じのする，年は若いがしっかりしていそうな，気持の良い人であった．テッド・ホフは1937年10月28日にニューヨーク州ローチェスターで生れ，1958年に電子工学士としてレンセレル工科大学を卒業し，1962年にスタンフォード大学からドクター(Ph. D.)を授位している．さらに6年間スタンフォード大学のコンピュータ研究所において，研究員として適応系(adaptive system)について研究をした後，1968年にインテル社が創立されるとほぼ同時に参加した．スタンフォード大学の研究所ではIBMの10進コンピュータやDEC社のミニコンピュータを使ったりした経験があるが，これがマ

図9　ホフと家族

イクロプロセッサ誕生への足掛りになるとは，ホフ自身にも想像できなかったであろう．

彼はインテル社では，応用研究部門のマネジャーとして，世界初の1キロビットのDRAM(Dynamic RAM)メモリの分野で，製品の仕様や内部の論理モデルばかりでなく，回路シミュレーション・プログラムや回路のモデリングなどにその力を発揮していた．いわばホフは，インテル社の製品企画とCADに関することの頭脳基地であった．我々のために論理シミュレータを開発してくれたのも彼である．私がのちに8080を開発している頃には，自身で開発したバイポーラ・ビット・スライス・マイクロプロセッサ(3000シリーズ)を使用して，電子交換機システムの開発を担当していた．ホフはその後も一貫して，通信(シグナル・プロセッサ290Xシリーズ)，音声などインテル社の次世代製品の研究開発を担当していた．彼はインテル社に在籍していた期間を通して技術専門職的なエンジニアリング・マネジャーの地位におり，インテルではじめて最高の技術者に与えられるフェローの称号を得た人でもあった．さらに特筆すべきは，彼が，提案したアイデアを非常に円滑にわかりやすく開発設計者に手渡すことであった．この特質は，技術革新が目覚ましいLSI製品の開発に従事するアーキテクチャ技術者には必要不可欠である．このときホフは31歳，私は25歳であった．

空港からさっそくホフの車で宿舎に向かうことになった．彼の愛車を見た途端，「ああー，これがアメリカだ」．それはアメリカ映画そのものだった．車は赤いリンカーンのコンバーチブル(オープンカー)で，内装は白一色の本物の革張り，クッションはフワフワとしていわゆる高級乗用車の乗り心地であった．この当時の日本の若者がなんとかして買える車は軽自動車であり，帰国後の私の愛車は弟からのお下がりのスバル360だった時代である．サンフランシスコ国際空港はサンフランシスコ市から11マイル(1マイルは約1.6 km)ほど南にあり，我々が乗った車は片側3,4車線ある高速自動車道(アメリカではフリーウェイと呼ばれ，無料である)U. S. 101を南にむけて，時速75マイルのスピードで走った．空気が乾燥しているせいか，空は抜けるような澄み切った青空で，顔に当たる風が実に気持良かった．このときの印象が忘れられず，後年，8080を開発して家を建てた後，最初に自分用に買ったものがスポーツカーだった．フリーウェイには非常に多くのスポーツカーや大型乗用車が走っていて，予想以上のアメリカの生活の豊かさにたいへん驚かされたものだ．

インテル社と宿舎のアパートのあるマウンテンビュー市はさらに南に30マイルほど下ったところにあった．宿舎は，インテル社からほんの1マイルほどはなれたところにある独身者専用の家具付アパートだった．部屋は2LDKで，8畳と12畳ほどの2つのバス付き寝室と4.5畳ほどのダイニングスペース，14畳ほどのリビングルームがあり，必要と思われる以上の家具やオーブン，冷蔵庫，自動皿洗い機などの設備が整っていた．洗濯のためには共同のコインランドリーが各棟に用意されていて，食器や寝具はインテルが用意してくれてあった．さらにアパートには，ディスコのできる会話室，ビリヤードのできるゲームルーム，ジム，サウナ，温水プールなどがあり，そのあたりでも豪華なアパートの1つであったが，私たちにとっては超々豪華な宿舎であった．正直に言って，これはちょっと困ったことになったぞと内心思った．というのは，

図10　宿舎のアパートと高山氏

この頃外国に持ち出せるドルは1人当たり1回に最高500ドルであり，3人が持ってきた1500ドルでアパートの支払いばかりでなく，レンタカー代，3人の生活費，日本との国際電話料，事務消耗品などあらゆるものを当分の間賄う必要があった．一応，毎月1人当たり500ドル送金してくれる手筈になっていたのだが，あまりの豪華なアパートに案内されたため，急に財布の中身が心細くなってきた．もっとも，アパート代が毎月250ドルほどと聞いていくらかほっとしたが，それでも日本における月給の3倍である．

4　インテル社

インテル社は周知のように，ノイス，モーア，グローブの3人が，フェアチャイルド社からスピン・アウトして1968年に設立した会社である．当時の最先端技術であるpチャネル・シリコン・ゲートMOSプロセスを使って，256ビットのスタティックRAM

図11　カンパニー・ピクニックのときのモーア(インテル社の会長, 左側の白い帽子の人)

(Static RAM), 1キロビットのDRAMや2キロビットのPROM(Programmable ROM)の開発に着手していた.

私たちビジコン社の技術者が派遣された1969年6月には, インテル社は設立後間もなく, 総従業員は125人にも満たなかった. ただ, 将来性のあるシリコン・ゲートMOSプロセスを開発したばかりでなく, 5人の博士を擁して半導体メモリ事業を成功させようと, 活発に事業の展開を始めた会社であった. 社屋はサンフランシスコ市から45マイルほど南のマウンテンビュー市にあり, そこは電子関係の工業団地の一角であった. 周囲のフェアチャイルド社やヒューレット・パッカード社の豪華な建物と比べると, 約2000平方メートルほどの非常に貧弱な印象を与える中古の建物だった.

インテル社の建物は, 昔ユニオン・カーバイド社が工場として使っていた建物で, その工場の属していた部門が事業縮小のため南カリフォルニアに撤退し

図12　マウンテンビュー市にあった創立時のインテル社

たとき，インテルが建物ばかりでなく使用可能な設備をそのままリースで借りたのである．さらに，半導体事業で働けそうな技術者もそのまま採用したりした．その人たちが，私が開発した一連のマイクロプロセッサのための機能確認用テスタや生産用テスタを作ってくれた．この建物には食堂のスペースはあったが，自動販売機が設置されているだけで，いわゆるホット・ミールは提供されなかった．しかし，本物のコーヒーがいつもあって，確か5セントのコインを紙コップに入れる約束にしてよく飲んだりした．それですっかりアメリカン・コーヒー党になってしまった．今では朝のコーヒーは欠かせないものの1つになってしまい，飲まないと体調が整わないような感じがする．ところで，従業員が100人ぐらいだと，夜勤やシフト制のある半導体事業であるせいか，昼間働いている人は70人以下になるので，工場の割には随分と静かだった．

またこの当時は，半導体プロセス機器もリースのもので，個人の目で見ると，とても電卓用LSIを開発，そして生産できる半導体メーカーとは思えなかった．

ちなみに1969年当時のインテル社は，月産約20万個のLSI製造能力しかなかった．

私たちが使用したオフィスは，玄関を入って右側にある技術グループの一角にあり，もとの建物を改造したせいか廊下の突き当たりのような場所であった．広さも十分で，非常に大きな床から天井までのガラスの窓があったせいか，とても明るかった．玄関を入って左側は社長室，マーケット部門，経理部の人たちのオフィスだった．建物の真ん中にカフェテリアがあり，建物の後ろ半分が工場である．実験室は技術グループの横にあり，約30坪ぐらいの広さで，建物の出入りには写真入りのバッジの提示が要求されるが，実験室への出入りは自由であった．まさかそこで，PROMを作るうえで最も重要なフローティング・ゲートの研究をしているとは思わなかった．

プログラム論理方式の電卓用汎用LSI開発の提案

インテル社は，我々の電卓用LSIの開発のため，ホフのほかに応用ソフトウェア技術者のメイザーを割り当ててくれた．メイザーはどちらかというと功名心の高いところが見受けられるが，非常に親切な男で，アイデアこそうまく出せなかったが，人のアイデアを早く理解でき，それを人にうまく文書にして伝える技術を持っていた．そして私たちビジコン社の技術者とホフとの間に立って情報の交換を円滑に進めてくれた．その後，私が1人で2回目に渡米したときの通訳的な役割も引き受けてくれた．

着いたらさっそく，ビジコン社が用意した電卓用LSIのブロック図を使って説明に入った．ところが何日説明しても，インテル側はまったく興味を見せないし反応もない．また，当時のインテル社には，アメリカのモンロー社製のプリンター付き電卓があったが，電卓の機能そのものが違ううえ，プリンターのメカニズムがラインプリンター的パラレルではなくシリアルであった．この

図13　メイザーとその家族

ため，電卓の歴史，仕様などの概略，電卓に使用するキーボード，表示管，プリンターなどの入出力機器の動作原理などを教えなければならなかった．こうして約1か月を費やしたが，ホフの持っている電卓に対する既成概念を変えることができなかったし，我々が持っている電卓の将来計画を支える最初のLSI電卓の詳細を理解してもらえなかったようである．

次のステップとして，我々は，自分たちが考えている電卓用LSIでは，大きなレベルでのマクロ命令をプログラムすることによって電卓の機能が実現できることを説明したり，実際にキーボードやプリンター制御部の論理図を作成して説明したりした．この作業に約1か月費やした．しかし特にプリンターの制御部は複雑なランダム論理方式で設計されていたため，見向きもされなかった．また，主演算装置，キーボードとプリンターやディスプレイ(表示)との間の入出力の同時制御だとかタイミングだとかいう概念，その理由や詳細な論理

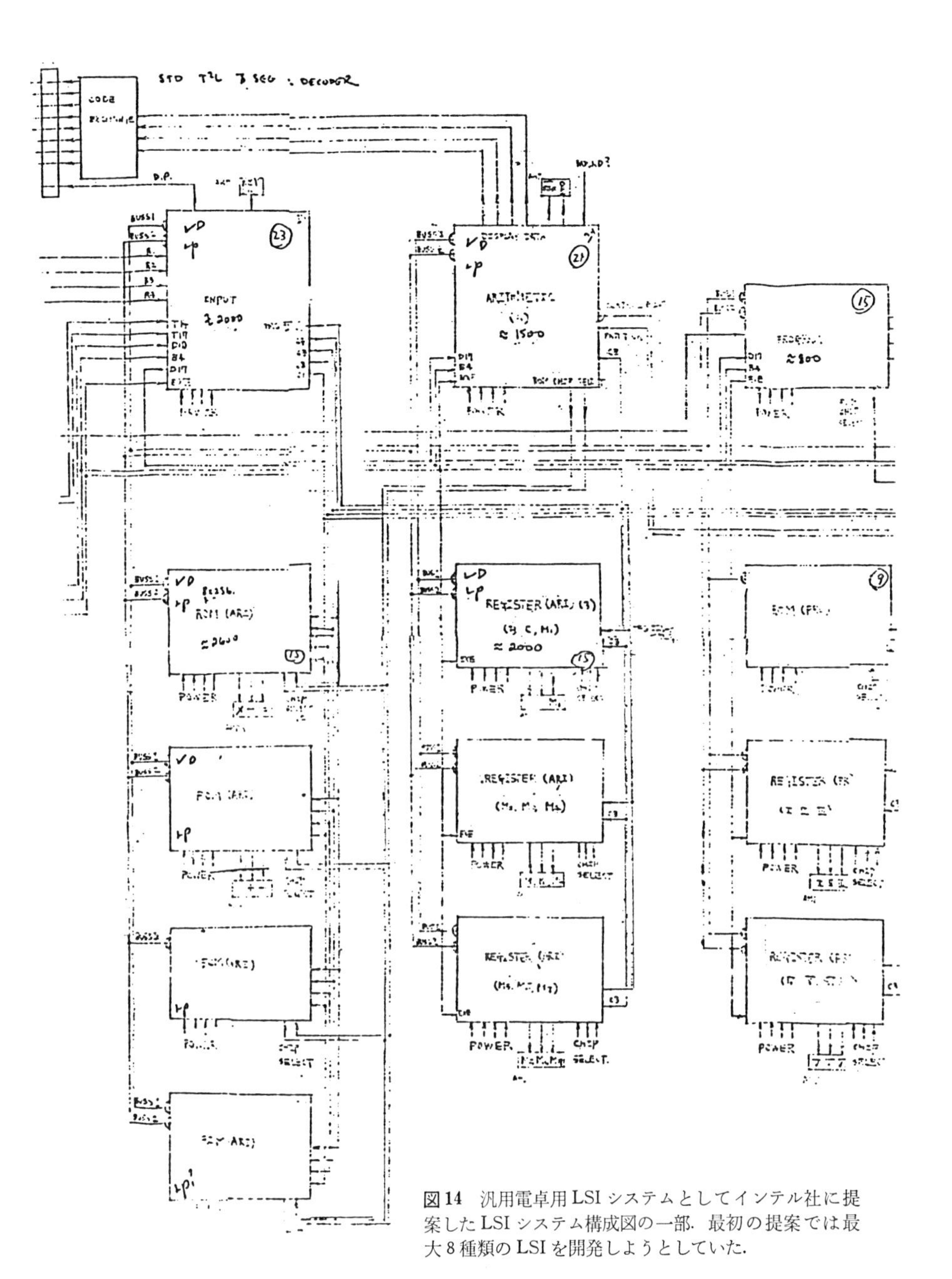

図14　汎用電卓用LSIシステムとしてインテル社に提案したLSIシステム構成図の一部．最初の提案では最大8種類のLSIを開発しようとしていた．

が，ホフにもわかるようにはうまく説明できなかったし，理解するための時間もホフにはなかったようである．1か月をかけて作成した論理図を無視されて，たいへん失望してしまった．とにかく，取り付く島がないといった感じで，何をインタフェースとしてコミュニケーションすれば良いのかわからず，戸惑いが日々増えていった．また，ホフが自分の時間をすべて我々に費やしているようには思えなくなってきた．つまり，彼がアプリケーション・マネジャーの役割で，コンサルタントとして我々と対しているのが明らかになった．これは我々にとっては大きな驚きであった．どうも我々は大きな誤解に基づいて電卓用汎用LSIの開発をしていたらしい．少なくとも私は，開発契約はすでに結ばれていると思っていた．ところが，そのときまでにビジコン社とインテル社の間で同意されたことはただ1つ，「両者で共同して電卓用LSIを開発しようではないか」といった程度のものであり，最終の開発契約は，現在我々がインテル社との間で交渉している結果によることになっていたのだ．

ホフが非常に詳しく質問したのは，プログラム論理方式(ビジコン社が電卓に応用したもの)に基づいた電卓用のマクロ命令とその流れ図(フローチャート)であった．このプログラム論理方式とは，電卓の機能をなるべく細かいレベルでの動作にまで分解し，汎用化させて，それをマクロ命令として定義し，次にこのマクロ命令を用いてプログラムを組み，電卓の機能を実現させる方式であった．例えば，電卓の加算の機能は，まず小数点に関するマクロ命令を実行して桁合せをし，次に符号を両方とも正にし，最後にいっきに1桁分の演算を実行する．加減乗除算そのものの計算のやり方は，ホフに簡単に理解してもらえたが，電卓特有のキーボードの機能の説明をかなり詳しくしたものの，やはりポイントがつかめなかったようであった．例えば，キーロール・オーバー(1つのキーを押し，それを離すまえに次のキーを押して入力できる機能)とかチャタリング(キーのバウンド)防止などである．すでにアメリカには，ほとんどといっていいぐらい電卓の会社がなく，新しい機能は日本の電卓会社から生れてくるので，新しい機能を話しても無駄なようであった．

UJ (BUT IF CJ IS WRITTEN THIS [illegible] MEA[illegible] CONDI[illegible]

n DESIGNATION

Group	μ INSTRUCTION		n	MI CODE 1 2 3 4 5 6 7 8	J	INPUT	ARITHMETIC	PROGRAM	
INPUT	HALT					IF THIS MI IS NOT SYNCHRONIZED BY [illegible] ADDRESS CONTROL IS NOT EXECUTED.			
	CLE IDXO	CL IDXO				CLEAR IDXO			
		SpJUMP			UJ	ADR + IDXO, CLEAR IDXO			
	INC IDXO					INCREMENT IDXO			
	DEC IDXO					DECREMENT IDXO			
	REP IDXO/IDXn		n			REPLACEMENT IDXO AND IDXn			
	TRS IDXO/IDXn		n			TRANSFER IDXO TO IDXn			
	LOAD STR/STR		n			LOAD CONTENTS OF STR [illegible] KEYS TO STR7, ADR+6			
	TRS STR/IDXO		n			TRANSFER STR7 TO IDXO			
	SEND	TRS IDXO/REG				SEND IDXO [illegible] SELECT (ARI)			ACCEPT IDXO TO REG SELECT
		TRS FUNR/PRO				SEND FUNR TO PRO FUNR		ACCEPT FUNR TO PRO FUNR	
	TRS FUNR	TRS FUNR(U)/IDXO				TRANSFER FUNR(U) TO IDXO			
		TRS FUNR(L)/IDXO				TRANSFER FUNR(L) TO IDXO			
	TABLE					ACCEPT CONTENTS OF ROM WHICH IS DESIGNED BY FUNR TO FUNR AGAIN.			
	TRS PRO FUNR/FUNR					[illegible] PRO FUNR TO FUNR		SEND PRO FUNR TO FUNR	
ARITHMETIC	JUMP		n				IF SUBR F/F IS NOT SET, SET "n" TO ROM SEL F/F, SET "n" TO SUBR ROM SEL F/F		
	SUBR		n		UJ	TRANSFER ADR TO FUNR	SET SUBR F/F AND "n" TO SUBR ROM SEL F/F		
	RTRN		n		CJ	TRANSFER FUNR TO ADR AND	RESET SUBR F/F		
	STF I		n				SET F/F I n		
	RTF I		n		CJ		RESET F/F I n (IF F/F STATE IS "0", SKIP)		
	PRINT	TRS FUNR/PRINT				SEND IDXO AND FUNR TO PRINT	[illegible] FUNR ACCEPT SIGNAL TO PRINT.		ACCEPT FUNR TO PRINT FUNR
		JUDGE					WHILE PRINT IS SET [illegible] SKIP.		
		EXT					[illegible] SIGNAL AND REGA TO PRINT		PRINT START
	NONE ZERO JUMP	An≠0					An IS NOT ZERO, SKIP.		
		Nn≠0					Nn IS NOT ZERO, SKIP.		
		Dp≠0					A-p IS NOT ZERO, SKIP.		
		D1≠0					[illegible]		
	SUB	0 SUB N			CJ		SUBTRACT SN FROM ADP. (IF THERE IS CARRY, SKIP)		
		1 SUB DP			CJ		DECREMENT ADP. (IF THERE IS CARRY, SKIP)		
		2 DEC DP			CJ		DECREMENT A. (IF THERE IS CARRY, SKIP)		
		3 DEC AS			CJ		ADD SN TO An		
	ADD	0 ADD N					ADD S TO An		
		1 ADD DP					INCREMENT ADP		
		2 INC DP					IF THERE IS ROUND SIGNAL, ADD [illegible] TO An.		
		3 ADD 5					SEND R[illegible] / ACCEPT REGA FROM REG(A)		SEND REGA TO [illegible] / ACCEPT REGA TO REGB FROM [illegible]
	REP	REP A/B							
		REP A/C							
		REP A/M							
	TRS	TRS A/B					SEND REGA TO REG(ARI)		ACCEPT REGA TO REGB FROM ARITH
		TRS A/C							C "
		TRS A/M							M "
		CLE M							CLEAR M (PRO REG)
	SHR	SRA					SHIFT RIGHT An (0→Nn, SN→SR)		
		SRAR					SHIFT RIGHT An (0→N1, N1→SR)		
	SHL	SLA 1					SHIFT LEFT An (Nn→SR, SR→N1)		
		SLA 2				COUNT KEY ADDRESS BY FUNR, SHIFT PRO SEL / INCREMENT IDXO IF RESULT IS ZERO, SET DISPLAY DP F/F	"	SET PROGRAM SELECT SW, "A", L AND "K" TO EACH PRO REG SELECT F/F AND F/F II n	
		SLA 3				CLEAR FUNR	"		
		SLA 4				IF OP-CONDITION F/F IS "110", SKIP	"		
	SR	REP SR/IDXO				SEND IDXO TO ARITH / ACCEPT SR TO IDXO FROM ARITH	SEND SR TO INPUT / ACCEPT IDXO TO SR FROM INPUT		
		REP SR/Nn					REPLACEMENT SR AND Nn		
		TRS Di/SR					TRANSFER Di TO SR		
		CLE SRA					CLEAR SR AND REG A		
PROGRAM	STF II		n					SET F/F II n	
	RTF II		n		CJ			RESET F/F II n (IF F/F STATE IS "0", SKIP)	
	JGF II		n					IF F/F II IS "0", SKIP.	
	PRO FUN	TRS PF/PR						DECREMENT COUNTER AT ONCE TWO DIGIT IF COUNTER IS "0", TRANSFER PRO FUNR TO REG (PRO)	REG CIRCULATION THROUGH PROGRAM
		TRS PR/PF						" TRANSFER REG(PRO) TO PRO FUNR	"
		TRS PIDXO/REG						SEND PRO IDXO TO REG SELECT (PRO)	ACCEPT IDXO TO REG SELECT (PRO)
		TRS PIDXO/COUNTER						TRANSFER PRO IDXO TO COUNTER	
	PRO IDX	CLE PIDXO						CLEAR PRO IDXO	
		INC PIDXO						INCREMENT PRO IDXO	
		REP PIDXO/PIDXn						REPLACEMENT PRO IDXO AND PRO IDXn	

図15　汎用電卓用LSI向けに用意したマイクロ命令(のちのマクロ命令)表．命令の種類には，入出力制御，データ/演算，プログラム制御などがあった．

このように，最初の2か月間はお互いが一人相撲をしているようであった．すなわち，ビジコン側では，電卓用汎用LSIの機能の詳細を伝えれば，インテルがその実現方法についてビジコンに全面的に協力すると思っていた．一方インテル側は，電卓用LSIはビジコンが要求したものよりはるかに簡単な構成で，容易に開発設計ができると思っていたらしい．インテルがそう考えたのは，1968年にシャープとロックウェルが共同開発して製品化に成功した4チップ電卓用LSIの情報による．この電卓用LSIは普及型の小型携帯用を狙ったため，機能を非常に簡単にしてあり，メモリなどもなかった．だからインテル社はビジコン社が提案したものよりももっと簡単な電卓用LSIを開発すべくホフに要請していた．また40ピンなどの多ピン用パッケージを用意していなかったインテルとしては，パッケージはだいぶ大きなヘッドエック(頭痛の種)であり，何とかRAMなどのメモリに使用していた16ピンないしは18ピン・パッケージを利用しようとしていたのである．このインテルにおけるパッケージの問題も，まだビジコン社には知らされていなかった．

他社の動向とアメリカ生活

インテル社における開発状況がはかばかしくないので，8月に入ると，ほかのアメリカ半導体メーカーの状況を調べることになった．でき上がった論理図面を持参して数社を訪問してみると，2通りの電卓用LSI開発方法が提案されていることがわかった．1つはナショナル・セミコンダクター社が，ROMの内容を変更して電卓の仕様を変えられるプログラマブルLSIを提案していた．この方法は，我々が進めていたものとよく似ており，キー入力の順序やキーの機能などの仕様をプログラムの変更によって変えられるようになっていた．しかし，この方法は最終的には電卓業界にはほとんど受け入れられなかった．それはまず，ナショナル・セミコンダクター社が電卓の将来像を持っていなかったため，非常に多くの種類の複雑なマクロ命令を用意しようとしていたためである．また，不特定多数のユーザー(電卓メーカー)を対象にしようとしたため，命令の種類が非常に多くなったうえに，さらに，各ユーザーの異なる要望を受け入れようとした結果，毎週といっていいほど命令の種類が増えたり減ったりするだけでなく，命令の定義が変わったりした．また，チップ・サイズを採算の取れる大きさに抑えきれなかったことも失敗の一因だったであろう．特に，1枚のウェーハから数個の良いLSIが採れれば，最初のステップとしてはよいだろうというような考えの設計者がいて，非常に驚かされた．

もう1つの方法は，フェアチャイルド社が提案したランダム論理LSIのための開発手法である．この手法では，各ユーザーが作成した論理回路図に基づいて，半導体メーカーが用意したスタンダード・ゲート・セルを当時流行しかけたCAD(Computer Aided Design)の助けによって配置配線し，各ユーザー向けのLSIを設計できるようにシステムを作り上げた．しかし，この方法でLSIを設計すると配線領域が非常に増え，チップ・サイズがあまりにも大きくなりすぎるようであった．したがって，これもユーザーには受け入れられなかった．ただ，この1960年代後半はCADの第1次開花時期で，半導体のみならずコンピュータ分野でもCADによる論理設計が雑誌などに多く掲載されていた．富士通の16ビット・ミニコンピュータFACOM-RもCADによる自動論理設計がなされたと雑誌などにも載っていた．当時その記事を読んだときには驚くやら，感心するやら羨ましいやら，何とか中を覗いてみたい心境だった．

この2つの方法以外には，ユーザーの用意した論理図に基づいて，半導体メーカーがマニュアル(手作業)で回路設計を行なう方法があった．しかし，その頃の半導体メーカーには複雑なランダム論理回路を設計できる技術者の数が非常に乏しかった．このため，日本の電卓メーカーは多くの技術者をアメリカの半導体メーカーにかなり長期間派遣していた．事実，2,3のアメリカ半導体メーカーを訪れ，半導体メーカーの技術者と討論したところ，論理に詳しい技術者はあまりいなかった．この時代の半導体業界が必要とした技術者は，主として物性関係の物理屋さんと，メモリ・チップの回路設計技術者であった．ただ，

図16　ノイスから借りた車と筆者

インテル社が，MOS LSI メモリをメインフレーム・コンピュータ業界に大量に使用させようと，コンピュータ・サイエンス出身のホフをアプリケーション・マネジャーとして採用したのは卓越した決断であったようである．

ビジコン社が提案した方法は，ナショナル・セミコンダクター社が提案した方法と類似していた．しかし，マクロ命令の体系がもっと簡単化されており，しかも入出力機器制御用の命令に柔軟性があったため，その集積度ははるかに低かった．その後，TI(テキサス・インスツルメント)社をはじめ数社が同様の方法を採用して成功している．このことから見て，集積度をよく考慮すれば，我々の提案した方法も電卓に関しては成功の確率はかなり高かったはずである．

この頃になるとアメリカ生活にもかなり慣れてくるようになった．朝食はアパートでトーストと牛乳かジュースで済ませ，昼食にはステーキを毎日といっていいほど食べた．よく行ったステーキ・ハウスはエル・カミノ・リアル(「王様の道」といって，メキシコ・シティーからサンフランシスコまで，昔スペイ

図17　よく行ったマウンテンビュー市にあるステーキ・ハウス．シリコン・バレーに行ったことのある人はよく知っている．

ン人がカリフォルニアに進出したときに作った道)にあるボナンザという店で，確か2ドル50セントぐらいで，歯ごたえのある，日本人にとってはかなり大きなステーキが食べられた．昼食にも夕食にもあまり食べ過ぎたせいか，一緒に行ったうちの1人はとうとう歯がおかしくなってしまった．私はもともと中華料理が好きだったせいか，マウンテンビュー近辺の中華料理店の多さと，その種類の多さと旨さにはたいそう感激してしまった．特にダック(本物の北京ダックとまでは言わないが)を使ったスープから始まるフルコースにはただただ脱帽せざるをえなかった．これは，中国の人と一諸に行ける特権かもしれない．もっとも，お金がなくなると，3ドル75セントを払って食べ放題できるバフェット形式のレストランにもよく行った．

7　暗礁に乗り上げる

8月に入って，ある程度の論理回路図ができあがり，インテル社以外の2,3の半導体会社を訪問したりした

表2 LSI構成の比較(1)

シャープ電卓用LSI		ビジコン社第1次提案		第2次提案
機　　能	トランジスタ数	機　　　能	トランジスタ数	トランジスタ数
	633	タイミング	1000	1000
	740	プログラム制御	2400	1500
	900	アドレス制御	2000	
	940	中央演算ユニット	2000	1500
タイミング	240	RAM(データ)	2000	1800
		ROM(プログラム)	3500	3400
		表示制御	2400	1500
		出力バッファ	1000	500

結果，我々の提案は必ずしも夢でないことが確認されたのだが，インテル社との交渉は，段々と暗礁に近づきつつある予感がしてきた．

8月21日に1通の手紙がインテル社からビジコン社に宛てて発送された．手紙の内容はビジコン社のマネジャーたちを非常に落胆させた．その手紙には，ビジコン社のLSI構成とシャープ社のLSI構成との比較と，予想LSIキット価格が書いてあった(表2)．その比較表は我々がアメリカに最初に持ってきたシステム構成図から得た情報を使っており，アメリカに来て書き直したシステム構成図とは違っていた．しかし，シャープの電卓用LSIキットとの差を大きく強調するために使われたようである．手紙によると，ビジコンのLSIの複雑性はシャープと比較して2,3倍しており，システムを組む上で必要なLSIの個数は，シャープの場合5個であるが，ビジコンの場合最低10個必要とし，最大15個必要となる．したがって，システムとしてのキット価格は1970年に300ドル，1972年に150ドルとなり，仮開発契約にうたった50ドルのキット価格を保証することは難しいというかなりショックを与える内容であった．その頃までにはLSI設計方法もだいぶ勉強したせいか，個々のLSIに必要とされるトランジスタ数はかなり減少していた．さらに，システム構成図をかなり注意深く再検討した結果，いくつかのLSIを省くことが可能となった．その新しいシステム構成図によると，表示電卓に必要なLSIの個数は6個であり，プリンター電卓では8個であった．したがって，電卓用LSIとしては十分コストに合うシステム・アーキテクチャだと思われた．しかし，インテル社としては何か他の方法を見つけようとしており，開発は暗礁に乗り上げてしまった．我々としては，自分たちの提案が充分実現可能と判断しているので，残念で仕方がなかった．

自分たちの表現力や「ストーリー」を作る能力の程度がアメリカ人と比較して非常に劣っていることが，否応なしに自覚させられた．良いアイデアを持っていても，表現力の欠如のためそのアイデアを生かしきれないことが身にしみてわかった貴重な経験であった．また，たとえ仕事であっても，トランプでのプレイと同じく，決して自分のカードを見せないのには驚いた．もっとも困ったことは，「知らない」ということを決して言わないことであった．

マイクロコンピュータのアイデアの出現

1 ホフのアイデア　マクロ命令からマイクロ命令へ

1969年8月下旬のある日，ホフが興奮気味に部屋に入ってきて，3，4枚のコピーを我々に手渡した．これが4004中央演算ユニットを中心とした，世界初のマイクロコンピュータ・チップセットMCS-4の原形である．今まで，どちらかというと沈黙していたホフが，突然顔を紅潮させ，興奮気味に，とうとうとしゃべり出した．「4ビットのCPU」という新しいアイデアの提案に，我々はあっけにとられた．我々は軽いショックを受け，一瞬思考能力が減退してしまったような感じがして，すぐには返答ができなかった．それまで懸命に検討を進めてきたのとは違う提案が突然飛び出してきたからである．と同時に，自分たちの提案を何とか理解してもらおうと，でき上がった論理をもっと詳細にわかりやすく教えようと努力していた私たちには，軽いショックばかりでなく失望もだいぶ強く感じられた．また，これで暗礁から抜け出せそうなグッド・ニュースの出現にも思えて，かなり複雑な心境ではあった．とはいっても，この新しいアイデアはすでにプリンター付き電卓で確認されていて，今回インテル社に提案したプログラム論理方式と比べてそれほど落差が大きいというわけではなかった．ランダム論理方式に代えて初めて電卓にプログラム論理方式を採用したときの方が，私にとってはその落差ははるかに大きかった．

この頃から，ホフ特有の口癖「My idea is」が始まった．彼は常にワイシャツの胸ポケットに，頭に消しゴムの付いた1ドル50セント(当時の価値で540円)くらいの安い黒色のシャープ・ペンシルを持っていて，何かアイデアが浮かぶと素早く胸のポケットからこれを出し，すらすらと紙のうえに書き示してくれた．少し考えたあと，画家がデッサンを頭のなかで描き終えたときのような感じで，本当にすらすらとよどみ無く書いていった．それを私は，まるで魔術でも見ているように，ただジーッと見とれていたのである．この光景は今も私の頭のなかにくっきりと残っている．彼が「My idea is」と言うときは，笑みをたたえながら先生が生徒に自信を持って教えるような雰囲気であった．説明し終ったときには，満足感が表情に出てくるのがたまに見受けられた．そのようなときに，いくつか先を見越したような質問をすると，「よくぞ質問をしてくれた．君の質問はよくポイントを押えているね」といった感じで，親切丁寧に質問に答えてくれた．

インテル社は創立当時，多くの非常に素晴らしいマネジャーを擁しており，彼らへの教育にも熱心であった．彼らは特に，英語が下手な私にはゆっくりと話をしてくれ，こちらの言葉も注意深く聞いてくれた．おかげで私は，なにも臆することなく彼らと意見を交換することができた．あまりうまく英語で討論できなかったことが，かえって私とホフの双方に考える時間と機会を与えてくれたようである．正直に言えば，私の当時の英語力では，ホフのアイデアやその説明を完全には理解できなかった．せいぜい6,7割理解できたぐらいだろう．もっとも彼のアイデアも完成された提案ではなかったことも事実である．したがって，与えられたものを自分の言葉でもう一度構築し直す必要が生じた．この作業は，あたかも自分の考えを生み出すことと等価な作業となり，ホフの基本的なアイデアを現実性あるものにより早く近付ける役目を果たした．このことが新しいアイデアの提案とその検討を，成功へと導いてくれたのだろう．

仮に私が上手に英語を話せたとすれば，私の性格では，かなりしつこく自分のアイデアを説明してしまい，ホフの提案を素早く受け入れて検討したとは思えない．また，この時期までは，私は常に異なった種類の新しい仕事に就いたり，新しいアイデアを聞く立場にいた．このため，言われたことを鵜呑みにせず，一方口では反対しても，新しいアイデアに対して常に「まずはいろいろの角度から検討してみよう」という態度を保てた．また，大学時代に身につけた「手を抜くな」という言葉を座右の銘にしていたので，ホフにしつこいと思われるくらいに質問をしたのも成功の一因かもしれない．

最初にホフが提案したブロック図では，CPU だけがあった．その CPU 内部には，4 ビットの演算ユニット，16 個の 4 ビット・レジスタ群，プログラム・カウンタを含む 12 ビット長の 4 段のスタック・レジスタ群だけが書かれており，チップ周辺にはかなりの数の入出力端子が描かれてあった．「この入出力端子は何に使うのか」と質問すると，「キーボードと表示回路に使う」という返事であった．そのいっさいの論理設計や外部に設置するプリンター制御 LSI は，ビジコン社で検討されたい……とのニュアンスが込められていた．

この最初のホフのアイデアは，コンピュータにおける主演算部の核の部分だけであった．CPU チップを中心に LSI を用いて，電卓全体をどのようにシステムに構成していくかは，何も示されていなかった．これは電卓用 LSI システムを開発に来た我々にとってはかなり頭の痛いことだった．またホフが「4 ビット」の提案をしたときには，「16 または 18 ピンのパッケージを使用する」というインテル側のゴールの 1 つが考慮されていなくて，40 ピン・パッケージが必要とされていた．

一方，当時のプリンター付き電卓の論理量を IC の数に換算すると，約 60% がメモリや四則演算を含む計算ユニットであり，残りの約 40% がキーボード，ディスプレイやプリンターなどの入出力制御に割り当てられていた．したがって，従来 TTL などの IC を使用して製作していた入出力制御用のハードウェア回路網を，うまくソフトウェア・プログラムで置き換えられるか否か，前述のシステム化の問題の次に疑問視された．もちろん電卓の回路網は低速ではあるが，これをソフトウェア化するのを躊躇させたのは，キーボード，ディスプレイやプリンターなどの入出力制御に，かなりの人間が介在する予想できない同時処理があったからである．しかも，キーボードはいつ押されるかわからないし，ディスプレイは一定の間隔で表示を繰り返し，人間の目にちらつかないように表示品質を保たなくてはいけない．演算をしながらディスプレイ，キーボード，プリンターなどを並列同時処理制御することを，「4 ビット」の遅い命令で，プログラムによって処理可能かどうかまったく未経験のため非常に不安であった．例えばプリント中はキーボード入力は無視するといったように何か 1 つに制限を設けてよいならば．プログラム入出力機器を制御することを即座に「グッド・アイデア」といって採用しただろう．また電卓の完成時の検査では，検査員が考えられないほどの速さで，しかもほんの瞬間だけキーボードを叩いて検査していてよく問題が出たりしたので，処理の遅いプログラムで制御することに不安があった．なお，入出力制御のソフトウェア化は別にホフが提案したのではなく，この時点ではハードウェアで実現する予定であった．

こうした問題は，電卓を実現するためのプログラムをすべて組んでみて，しかも，実際にエンジニアリング・モデルを組んで，その上でプログラムを実行して確認すれば解決したであろう．しかし，それは時間的に実現不可能であり，夢のまた夢であった．すなわち，処理時間，必要な命令，入出力ピンなどの仕様をいかに決定するかが最大の課題であり，頭痛の種でもあった．そのうえ，1, 2 か月の短期間にプログラムを作成し終えるのは不可能でもあった．この最初のアイデアでは，基本命令だけしか提案されておらず，電卓システム全体に対する考慮もされていないので，追加の命令や電卓システムとしてのファミリー LSI チップを提案しながら，電卓への応用プログラムを組んでいかなければならなかったわけである．それはすべてが我々にとって未知の分野であり，どのくらいの検討時間が必要かもわからず，まるで海図もコンパスも持たずに，どのくらいの食料を積めば良いかもわからないまま，新大陸発見の航海に，まずは兎にも角にも出航するようなものであった.

「4ビットのCPU」の採用へ

ホフから彼のアイデアについて概略の説明を聞いたあと,「論理方式のアプローチが我々が考えているものと違っているので,検討のためしばらく時間が欲しい」といって,さっそく検討にとりかかった.

電卓の論理(ハードウェア回路網)をどう実現するかという論理方式は,新機種が開発されるたびに,ランダム論理方式からプログラム論理方式へ,そしてコンピュータの低レベル言語による方式へと1段ずつ徐々に近づいて行きつつあった.その論理方式の変遷を目の前に見続けてきて,さらにビジコン入社後7か月ほどコンピュータの教育を受け,プログラムに携わった私にとって,ホフの提案がまったく新しいものとは思えなかったが,検討に十分値する,魅力のある,次世代の論理方式となりうるアイデアだと思えた.それは提案された基本命令がコンピュータの機械語とほぼ同一レベルだったからである.また実際に製品開発を行なっている技術者としては,提案の新しさの評価などよりも,そのアイデアが製品に応用できるかどうかのほうがより重要な関心事であった.

第1段階の検討,すなわち「4ビットのCPU」が開発第1機種目のプリンター付き電卓に使えそうかどうかの検討は,きわめて短時間に終了した.ビジコン社では,すでにプログラム論理方式を採用していたため,実際のプリンター付き電卓のプログラムが用意されており,それが検討材料となった.まず用意された開発済みのプリンター付き電卓用プログラムを用いて,命令体系とその命令実行時間が検討された.次に,キーボード,表示,プリンターなどの入出力機器制御専用LSIを含んだ,電卓全体のLSIによるシステム化と価格などを検討した.ほぼ2週間で,ホフの提案をもっと詳細に検討すべきだという結論に達した.この時点では,入出力機器制御などのハードウェアによる回路網をソフトウェアで置き換えられるかどうか不安だったため,まだ専用LSIを使用する予定であった．検討段階で，4ビット単位すなわち1桁単位で処理を行なうマイクロな命令でプログラムを組めるので，1命令の機能動作が大きい従来のマクロな命令の方式より汎用性が高いことが評価されるようになった．このように，日が経つにつれて，そこには何か大きな可能性があるような感じが心に満ちてきた．

ホフの基本的アイデアそのものは，そのマイクロな命令による汎用性などから非常に高く評価された．しかし最初の提案のままでは，電卓へ応用するには不完全なものであった．誤解を生じないように付け加えると，アイデアを生む作業と商品化作業は，研究と開発との関係のように，かなり大きな相違があり，両方を1人の人間が成し遂げることは不可能である．また異なる人間が担当したほうがよりよい結果を生むことができるようである．これは，その両者間では発想の原点が異なるためだろう．

この時期に，ホフからALU(主演算回路，Arithmetic and Logic Unit)とレジスタ・ファイルの基本的回路図(いずれも制御部を除く)が手渡された．高山氏がハードウェアの検討を開始し，私が命令体系や電卓用LSIファミリー・チップなど全般の検討に入った．

9月に入ると，我々の要求によってシステムの概念が導入され，やっと本来の共同開発的な作業が見られるようになった．ホフと私はただちに，ホフのアイデアを電卓用LSIに応用すべく仕様の検討を開始した．さきに述べたように，提案されたアイデアは4ビットのCPUの核のみであって，プログラムやデータ用のメモリ，入出力機器制御回路はすべて標準メモリやTTLなどを使用するよう提案されていた．この当時，市場に供給されつつあった256ビットRAMは，メインフレーム・コンピュータに使用させようと開発されたため，非常に高価で，これを電卓に採用することはとても不可能であった．

一方，ビジコン社が電卓用LSIを開発する目的には次の3つがあった．それらは我々が渡米する前からの方針でもあった．1番目の目的は，汎用LSIが開発されると仮定した場合，電卓の新機種を開発するときにはプログラムの作成が主たる論理設計となるわけで，設計に大幅な柔軟性を持たせることを可能にすることである．2番目は，電卓の基板上の部品点数と配線数を減らして，コストの低減や信頼性の向上を勝ち取ることである．最後の目的は，LSI化によってシステムのモジュール化を推進して，製品の仕様を変更したり追加したりするのを容易にすることである．

これらの3つの目的を達成するため，電卓用の汎用LSIとして中央演算ユニットとしてのCPU，プログラムを格納しておくためのROM，データ用のRAMを必要最少限な基本LSIとして開発することがまず決まった．この頃は，電卓用のデータ・メモリとしては，データが逐次書き込まれたり読み込まれたりする，高密度だが低速のシフト・レジスタがよく使用されていたが，インテル社にはシフト・レジスタの回路設計者がいないうえ，むしろ自社ですでに開発した実績のあるRAMの採用を強く希望したので，RAMを使用することにした．もっとも，論理演算をハードウェア回路網の代わりにソフトウェアで実行するようになったので，高速で随時読み書きができるRAMはどうしても必要なメモリLSIとなった．また，データの符号や小数点の位置などの情報を格納するデータ・レジスタや，CPU内にあるレジスタ・ファイルの予備のバンクをRAMのチップ上に設置することになった．

次に，キーボード，表示，プリンターなどの入出力機器制御用LSIの検討に入った．当時，インテル社はメモリLSIにすべての力を注いでいたので，論理設計ができる開発技術者がまったくいなかった．入出力用LSIはトランジスタ数としてはわずか1500個ぐらいだったが，プリンター制御回路のような複雑なランダム論理回路をLSI化することは非常に難しい注文になりそうであった．このことから，まずプリンターの制御を，TTLなどの小規模集積回路を使用して作成したハードウェア回路網から，プログラムによる制御に切り替えられるかどうかの検討に入った．実際にプログラムを組んでみると，キーボードや表示などの入出力機器との並列同時処理を無視したとすれば，「4ビットのCPU」でも制御が可能であることがはっきりした．ただ，キーボードや表示の制御までプログラムに移す自信がなかったばかりでなく，どのような命令セットやインタフェース回路が必要か検討するのにかなりの時間が必要と思われた．

さて，電卓システムのLSI開発を交渉し始めたときには表面化しなかったいくつかの重要なことが，ホフのアイデアを電卓にうまく応用するよう細部の検討を始めたときに，問題として取り上げられるようになった．それはパッケージのピン数，使用トランジスタ数，開発スケジュールなどである．インテル社としては，当時256ビットのRAMや1キロビットのDRAMに使用していた16ピンまたは18ピンのパッケージを使用し，トランジスタ数を1000個から1500個に抑えることで製造の可能性を見出そうとしていたのである．

より高い汎用性を考え，同時にやはり使用可能である16または18ピンのパッケージを使用することに決め，当初CPUチップにあったキーボードや，表示のための論理回路や入出力ピンを取り除き，タイミング・チップとして別の独立したLSIチップを開発することになった．キーボード用のタイミング・チップとのインタフェースをどのように組めばよいか，この時点ではまったくわからず，CPUチップにHALT(一時停止)ピンを設け，演算の実行終了後，キーボードからの入力待ちなどのときにキーボードが押されると，キーボード・チップ(この場合はタイミング・チップ)から信号がCPUチップに送られ，CPUが駆動され，キーボード制御プログラムが実行されるようなアーキテクチャを採用することになった．この機構は最終的にはTESTピンとして残り，外界の状態を受容する役目を果たすようになった．その後，このTESTピンは電卓の入出力機器の基本的なタイミング信号を受け入れることになり，「4ビットのCPU」をタイム・シェア(時分割処理．ある時間は演算に使用し，またある時間は入出力制御に使う)して使用し，すべての入出力機器をプログラムで制御することを可能にする重要なピンとなった．

このようにして，ホフの最初の提案と，我々が当初考えていた電卓用LSIとの折衷案ができ上がった．この折衷案による電卓用LSIの開発が可能であれ

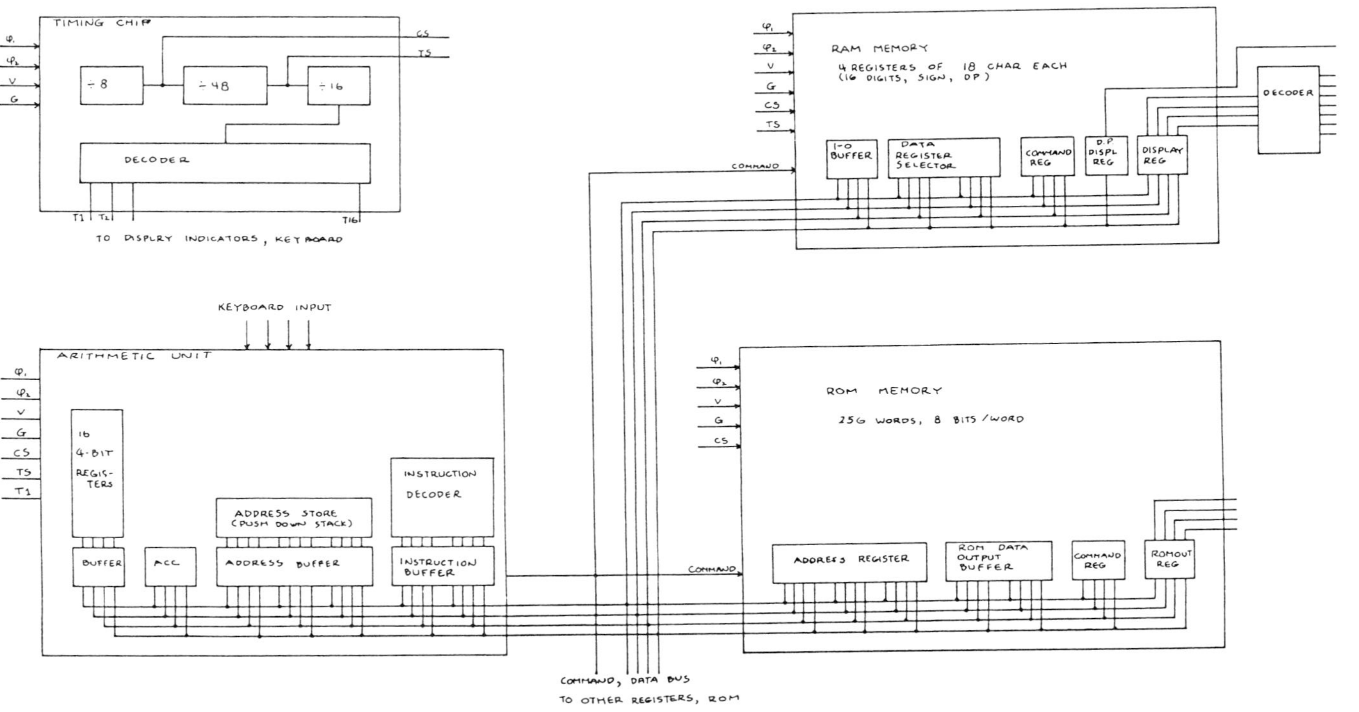

図18　MCS-4開発途上で出てきた中間案．8月の下旬にホフから「4ビットのCPU」の基本的アイデアが提案された．検討の結果，採用が決まり，電卓用にシステムの考え方が導入された．この時点ではキーボード，ディスプレイ，プリンターなどの制御がプログラムで実現可能かどうか明らかになっていなかった．9月下旬頃ホフが描いた図面にはタイミング・チップやCPUにキーボード入力端子があり，結果的にホフの最初の提案と筆者らが当初考えていた電卓用LSIとの折衷案が採用された．(『日経エレクトロニクス・ブック　エレクトロニクス・イノベーションズ』1981年4月20日より)

ば，開発の期間は1年から半年に，その開発費用は20万ドルから9万ドルに減ると，インテル社からの予想が内示された．

この折衷案ができ上がった9月16日頃に，インテル社からビジコン社に再び手紙が送られた．この頃我々は，自分たちが提案したマクロな命令を使用した方式を一応完成させていたし，ホフが提案したマイクロな命令を使用した方式も一応電卓に使えるまでにグレード・アップされるとともに，製造の可能性をより高めるためにその論理はより簡単化され，完成にもう1歩のところまで近づけた．そこで今までの経過報告を兼ねて増田氏が帰国することになり，どちらの方式を採用するかを決定する時期になったので，決断のための数多くの質問がなされ，ほぼ満足する解答が得られた．手紙はそのインテル社からの答であった．

9月16日付けのインテル社からの手紙は，行きづまった交渉を何とかまとめたい意向が強くでていて，インテル案ベースのシナリオ臭さがかなり濃厚ではあったが，手紙全体ではかなりビジコンに好意的であった．そのインテル社のマーケティング・マネジャー，グラハム氏からの手紙によると，プリンター付き電卓用LSIの構成とその価格は，ビジコン社の提案では10個のLSIチップで270ドルとなり，インテル社の提案では同じく9個のLSIチップで195ドルと見積もられた．ただ，我々の予想したトランジスタ数は実際の論理図から計算したものなのに対し，インテル社の場合は推測の域を脱しなかった．事実，中央演算ユニット(後のCPUチップ4004)のトランジスタ数は最終的に2200個となった．また，ビジコン社のROM，タイミング，プリンター制御などのLSIチップのトランジスタ数がインテル社の提案よりなぜ多いのか，なぜ余分のプリンター制御に使う出力用LSIチップが必要なのか何の説明もなかった．電卓用LSIシステム価格としてはどちらを採っても同じ価格帯であり，それはインテル案を採用させたいためのシナリオに過ぎなかったのだ．ただ，誰の目にもインテル社案の方がLSIの種類も少なく，個々のLSIの複雑性ははるかに簡単であり，設計の容易さがはっきり予想された．この手紙の中でイン

表3 LSIの構成比較(2)

ビジコン社最終提案			インテル社提案		
LSIの種類	トランジスタ数	価格(ドル)	LSIの種類	トランジスタ数	価格(ドル)
タイミング	1000	20	タイミング	500	20
プログラム制御	1500	30	中央演算ユニット	1800	35
中央演算ユニット	1500	30	データRAM	1300	20
プリント制御A	1500	30	ROM	2600	20
プリント制御B	1500	30	ROM	2600	20
プリント出力	700	20	ROM	2600	20
プリント出力	700	20	ROM	2600	20
ROM	3400	30	ROM	2600	20
ROM	3400	30	プリント出力	500	20
データ・メモリ	1800	30			
合計		270	合計		195

テル社は，設計とテスト・プログラムの容易さのため，強くプリンター制御のプログラム化を希望していた．パッケージに関しては，24ピンを使用した場合かなりのコスト・アップが予想されることが強調されていた．

スケジュールに関しては，論理と回路設計に2,3か月，レイアウトに3,4週間(ランダム論理LSIでは6週間)，さらにレイアウト後2週間ほどの期間がマスク原図のカットに必要になると提案された．このとき私たちにはLSIの設計の経験がまったく無かったため，経験があれば空想としか言えないようなインテル社の提案を，鵜呑みにしてしまった．また，テスト・プログラムのすみやかな開発が大きく強調されていた．開発期間は，ビジコン案では約1年，インテル案では約6か月と見積もられた．手紙ではさらに，私たちの質問に対して，ウェーハ，パッケージのテストや信頼性試験のことも詳しく明示されており，価格に関しては，LSI製造の各ステップにおける収率が記されていた．1969年頃のアメリカにおけるLSI製造の歩留まりは，プロセスからウェーハ・テストまでの収率は約10%，パッケージに組み立ててテストした後における収率は約50%ぐらいであった．この時期インテル社では，1シフトにつき月産約9万個の製造能力があり，従業員数125人の中には5人の博士がいて，さらに15人の技術者がいることが強調されていた．

最後にインテル社の計画が述べられていた．その年の終りまでに従業員は200人になるし，約30エーカー(1エーカーは約40アール)の土地がすでに買われていて，1970年6月までに5万平方フィートの工場を建てるという予定も記されていた．この計画は，1970年当初から始まった不況のため半年ほど建設が遅れたが，1972年の初め頃に完成した．またそれまでマウンテンビュー市のリースしていた建物にあった本社を，さらに5マイルほど南に位置するサンタクララ市に移すことになった．インテル社には先の見える人がだいぶいて，スタンフォード大学があるパロアルト市から始まった電子関係の研究・開発・工場団地がさらに南に延びることを予測し，マウンテンビュー市のさらに南のサンタクララ市に広大な土地を早期に手に入れ，サンタクララにある第2工場はその土地の一部を売却して建設されたのである．当時のサンタクララは田園地帯で果物の畑が多く，一言で言えばかなりの田舎であった．

9月中旬に，インテル社からの手紙を持って増田氏が経過報告を兼ねて帰国した．技術部長の丹波氏は，ホフの提案したアイデアを高く評価し，従来のマクロ命令によるプログラム論理方式を，さらにコンピュータの機械語レベルと同等のマイクロな命令によるものまで下げることに原則として同意した．丹波氏がこう決断したことで，残留した私たちは大いに勇気づけられた．この時期にはいまだ最終的な機能や価格も決まっていなかったので，この海のものとも山のものともわからない提案を採用するという勇気ある決断が，開発の励みになった．正直に言って，この時点になってもまだ，私はホフのアイデアを認めたものの，確実な方式を捨てて，不確実な要素が非常に多い方式を採用するのを躊躇していた．その後の私の仕事のやり方を振り返ってみると，どうも私にはまったく新しい方式をすぐ採用する勇気はなく，自分自身を納得させるストーリーをもう一度自分自身で組み立てることが常に必要なようである．もっとも，この作業が最終的には自分自身に強固で明確な動機を与えることになり，期待されたゴールへの近道を歩むことができた．

このように，一番肝心な基本となる「4ビットのCPU」のアイデアはホフから提案されたが，システムとしての4ビット・マイクロコンピュータ・システムLSIファミリーのアイデアは，ビジコン社の側で電卓への応用を検討する過程ででき上がってきたものである．このLSIのみでシステムを構築するアイデアが，フェアチャイルド社のツーチップ・マイコンであるF8に続き，インテル社のワンチップ・マイコンである8048へと発展していったのである．このホフのアイデアは，ビジコン社にマクロ命令を使ったプログラム論理方式の経験や蓄積がなかったら，おそらく採用されなかったであろう．なぜなら，ランダム論理方式の経験しかない技術者に，しかも非常に短期間に，このような新しいアイデアを検討させることは，ほぼ不可能に近いからである．さらに，基本命令だけを示して，具体的にどのように応用するかを示さなければ，採用の可否を決めるのにかなり長期間を要したであろう．

ホフのアイデアはどこから来たか？

ホフの「4ビットのCPU」のアイデアがどこから来たか，私が再度インテル社に戻った1979年頃にいくどとなく聞いてみたが，とうとう言ってもらえなかった．しかし，メイザーとの会話のうちに，マイクロプロセッサ誕生の背景をつかむ糸口が見られた．ホフはスタンフォード大学のコンピュータ研究所に研究員として勤務していた頃，IBM 1620という10進法のコンピュータを使用していたことがあるらしいということであった．このコンピュータにはハードウェアによる加算回路がなく，例えば加算の演算をするときには，加数と被加数とを使い，表をみて加算の結果を得るようになっていた．事実，ホフの提案には10進法演算回路も10進法演算を補助するいかなるハードウェアもなく，表索引を希望し，提案していた．ホフとしては，生産コストを考慮すると「4ビットのCPU」LSIチップに使用する総トランジスタ数を2000以下に抑えなければならず，CPUの機能をできるかぎり簡単化し，複雑な処理はたとえ実行時間が長くかかったとしても，プログラムで処理したり，ROMチップの増加で解決できるようにして，複雑なハードウェアはCPUチップから取り除くよう提案しようとしていたのである．ホフは長期間コンピュータに関連していたせいか，メモリを豊富に使えるという仮定に立って提案をしていた．一方，私も少しはコンピュータの経験があったものの，電卓の開発部門で働くようになってからは，1円でも安い材料を使うことや1円でも安くなるように論理や回路を設計することを目の当たりに見，かつ要求され，それが習慣づけられていた．このためか，プログラム用メモリの使い方や命令セットの種類などで，たびたびホフと衝突することがあった．まるで，富める国と貧しい国の人間が交渉しているようで，あまり気分の良いものではなかった．一方，「4ビットのCPU」に採用したもう1つのアイデアである8個の多目的汎用レジスタは，データ・レジスタとしてもアキュムレータとしても，そしてアドレス・レジスタとしても使用可能であり，そのアイデアは，以前ホフが使用したことのあるDEC社製ミニコンPDP-8シリーズとよく似ていた．このようにホフのアイデアの基本はIBM 1620とDECのPDP-8から来たようである．

そしてホフのアイデアを生ませたきっかけは，やはりビジコン社が提案したマクロ命令を使用したプログラム論理方式であった．後年ホフはインタビューに答えて，次のように述べている．

「ビジコン社の要求は電卓のファミリー全体に使えるチップが欲しいという特異なものであり，ビジコンはそれを個々の製品とするためROMプログラミング技術(マクロ命令によるプログラム論理方式)を使おうとしていた．プログラム機能を多少持った電卓として作るよりも，私はむしろそれを電卓として使えるように(マイクロな命令を使用してマクロ命令を)プログラムできる汎用コンピュータのようなものにしたいと思った．また，インテルは部品としてのコンピュータの市場があることに気付いていた．」

このインタビューからもわかるように，ホフはビジコン社が提案したROM

プログラミング技術におけるマクロ命令を，さらにコンピュータの機械語に匹敵するマイクロ・レベルの命令にまで下げることを提案したのである．ただ，「部品としてのコンピュータの市場がある」の発言は，4004の基本アイデアをインテル社が提案したときのことではなく，むしろ世界初の8ビット・マイクロプロセッサ8008の原形になったデータポイント(Datapoint)社向けのカスタムLSI 1201の開発途上のことと思われる．

データポイント社の要求は，その当時流行しつつあったインテリジェント・ターミナルのLSI化であった．すなわちいちいちメインフレーム・コンピュータにアクセスしなくても，その端末自体でかなりの機能の処理を実行可能なインテリジェント端末に使用していたレジスタ群と，プッシュ・ダウン・スタックなどすでに開発済みの回路のLSI化である．その要求は，「4ビットのCPU」4004マイクロプロセッサの基本アーキテクチャが固まってから2か月後の，1969年12月にインテル社に持ち込まれた．インテル社は4004の経験に基づき，プロセッサ全体を単一のLSIチップ(製品番号1201)にすることを提案した．しかし，この提案を押し進めていく過程でデータポイント社が要求したアーキテクチャと互換性がなくなってしまい，1201 LSIチップは当初の目的だったインテリジェント端末機器には使われなかった．インテルは開発を一時中断したが，科学用電卓に使用可能なLSIを探していた日本の精工舎からの要請で開発を再開した．これが型名を変えて，8008として市場に登場するのである．

したがって，私の推測であるが，インテル社は4004, 8008などのカスタムLSIの開発を通して「部品としてのコンピュータの市場がある」と気付いたのであって，「気付いていた」のではないと思う．また，ホフ自身は気付いていたかもしれないが，首脳陣はそれほど高くは評価してはいなかったようである．我々カストマー側は，4004の製品の位置付けとして「TTLなどで組んでいた比較的低速の回路網の置き換えや，10進演算に応用可能である」と考えていたが，インテル側では「せいぜいリレーの置き換えで，交通信号機の制御に使用可能であろう」といった評価が大勢を占めていた．ビジコン社が契約したときの基礎になった6万キットに関しても，ノイスから何度となく「心配はないか」との質問があった．また8ビットの8008に関しては「応用分野が広すぎ，要求もカストマーごとに特異なものとなり，標準化は難しいだろう」ぐらいの評価であった．したがって，積極的にマイクロコンピュータ事業を展開するよりも，4004と8008のカストマーからの市場での反応を待っていたようである．

8008はカストマー側では，アルファベットを初めとする文字などのキャラクタを取り扱うことのできる新アーキテクチャとして高く評価された．しかし8008がシステムとして構築されていなかったため，システムのなかで使用するにはかなり不便であり，最低20から30個のTTLがシステムのインタフェース回路として必要とされた．それにもかかわらずインテル社はそのようなペリフェラル・チップの開発には着手せず，1971年に8008のサンプルが出荷されたあとも，PROM技術を応用したベンディング・マシン用LSI，ワンチップ電卓用LSIや，立石電機向けの数種のカストムLSIなど，かなり多数のカストムLSIを開発していた．私が正式にインテル社に入社した1972年の暮れも押し詰まった頃に，電卓用LSIができ上がると，ソ連に持って行くのだと，ノイスが手の平に乗るような透明なプラスチック・ケースに入った小型電卓をサンプルとして作り，大はしゃぎで持ってきた．評価してくれとのことだったが，その機能は日本では2年も前のもので，製品としての価値はまったくといってよいほどなかった．ノイスががっかりして部屋を出ていったのを今でも思い出す．

インテル社の首脳陣が，マイクロコンピュータ・ビジネスに本格的に目を向けたのは，1974年春に開発が完成した第2世代のマイクロプロセッサ8080が高く評価され，アメリカの多くの大企業から連日に渡るインテル社への訪問があり，300ドルでサンプルがそれこそ飛ぶように売れた頃からである．

このように，1960年後半に確立されたLSI技術と，それまでに完成しつつあったコンピュータ技術とが，電卓やインテリジェント端末機器などの新世代の応用分野に触発され，新世代のデータ・プロセッシングのシステム・コンポーネントであり，かつTTLと同じく新世代のデバイス・コンポーネントでもあるマイクロプロセッサのアイデアが生れ，世界初のマイクロプロセッサ4004が誕生したのである．

マイクロコンピュータ・システムの構築

4004に話をもどそう．LSIだけでシステムを構成することと，16ピン・パッケージを採用することが最終的に決定されると，詳細な仕様が2か月も経たないうち仕上げられてしまった．ここでもホフが基本的な提案をし，私が電卓にも使えるように仕様の変更と新しい提案を行なった．まず，それ自身完備された(self contained)4ビットのマイクロコンピュータ・システムを作るため，CPU, ROM, RAMの3種の基本になるチップの開発が再確認された．CPUチップには，データ，アキュムレータ，アドレス・レジスタとして多目的に使用可能な8個の汎用レジスタが設けられた．命令によって直接アクセスできるアキュムレータや汎用レジスタの個数が，そのマイクロプロセッサの使いやすさに大きく影響を与えることは周知のことである．汎用レジスタの数が豊富にあるか，またはいくつかのデータ・レジスタ・バンクがあって高速でバンクの切り替えが可能であれば，コントローラとしてより高速のアプリケーションにも使え，かつ実行時間を気にせずにプログラムが書けるのでたいへん便利なのだが，CPUチップ内に入れられるレジスタ(メモリ)数に制約があったので取り止めてしまった．最終的には8個の汎用レジスタが1バンクだけとなった．後に市場に現われたワンチップ・マイコンのほとんどのものには，大量のレジスタとしても使用可能な内部メモリが用意されていて，バンクの切り替えも可能になっている．

プログラムのネスティング・レベル数は，割り込み機能を持っていないため，電卓やそれに類似した応用であれば，繰り返し使用するプログラムのサブルーチン用のネスティングに使うだけだから，最高4段あれば十分に足りそうなので，4段のアドレス・スタックそのものをCPU内に設けることにした．プログラムの容量は最高4000ステップ(1命令を1ステップとして)あれば十分だろうと思い，プログラム・カウンタを12ビットとした．

命令セットに関しては，必要最小限な命令だけをまず設けた．アドレス指定方式の種類とプログラミングの容易さとは大いに関連があるのだが，命令の高い効率化のため，アドレス指定方式は，4ビット・データの操作，電卓用であること，プログラム・ステップ数の削減などの目的を満足できるようにするだけの種類のアドレス指定方式を最優先させ，コントローラ向けのアドレス指定方式(例えば，8個の汎用レジスタやRAMメモリ内の4ビットのデータのうち，特定のビットを直接指定可能な)はできるかぎり簡単にした．データのやりとりはすべてアキュムレータを介して行なうことに決めた．また，ここに採用したレジスタ間接アドレス指定方式は，個々の命令のなかで指定可能なわけではなく，データの読み書き命令などと組み合わせて使用する．すなわち，汎用レジスタで指定されたアドレスを特別な命令を利用して，あらかじめ各RAM, ROMのアドレス・レジスタに送っておき，それから別の命令でRAM, ROMからのデータの読み込みや書き込みを実行するのである．この方式は非常に不便であったが，アドレス指定が命令の中に入ってないので，4004の命令フォーマットに余裕をもたらし，同時にハードウェアの簡単化にも大いに貢献した．もっとも4004開発時には，命令フォーマットまで注意深く検討する余裕などまったくといっていいほどなかったが．

最も基本になるクロックの周波数を750 kHzとすると，大半の命令は10.8マイクロ秒(1秒間に9万2600回の命令が実行される)で実行される．このCPUで符号なしの16桁の加減算の演算を実行すると，いろいろの条件判断まで入れると，約1.6ミリ秒の時間が掛かる．この加減算を使って乗除算のプログラムを組むのだから，キーボード，表示，プリンターなどの入出力機器を同時に制御するとなると，CPUのスピードはまだまだ遅いと言わざるをえなかった．アドレス指定方式は，最終的にはレジスタ，レジスタ間接，即値アドレ

1		LDM	DATA	DBL	2ND WD	LOAD DATA INTO ACCUM
2		ADD	REG NO			ADD CONTENTS OF DESIGNATED REG TO ACCUMULATOR
3		SUB	REG NO			SUB CONTENTS OF DESIGNATED REG FROM ACCUMULATOR
4		STO	REG NO			STORE ACCUMULATOR IN DESIGNATED REGISTER
5		INC	REG NO			INCREMENT CONTENTS OF DESIGNATED REGISTER
6		JUN	A1	Y	A2, A3	JUMP TO A1, A2, A3
7		JCN	COND	Y	A2, A3	JUMP TO A2 A3 IN SAME PAGE IF COND IS MET [illegible], CT, ODD, ZERO?
8		JMS	A	Y	A2, A3	JUMP TO SUBROUTINE
9		ISZ	REG NO	Y	A2, A3	INC CONTENTS OF DESIGNATED REGISTER JUMP TO A2 A3 SAME PAGE IF ≠ 0
10		S??	REG PR O			TRANSFER CONTENTS OF REGISTER PAIR TO DATA REGISTER SELECTOR,
1		?IN	REG PR !			JUMP TO ADDRESS CONTAINED IN SELECTED REGISTER PAIR, SAME PAGE
11		RD?				READ SIGN CHARACTER (INTO ACC) OF SELECTED DATA REGISTER
		WR?				WRITE (FROM ACC) INTO SELECTED SIGN CHARACTER
		RDD				READ DEC POINT
		WRD?				WRITE DEC POINT
		LD?				LOAD CONTENTS OF CHAR BUFFER INTO ACC
		ADC				ADD CONTENTS OF CHAR BUFFER INTO ACC
		SBC				SUBT CONTENTS OF CHAR BUFFER FROM ACC
		WRC				WRITE CONTENTS OF ACCUMULATOR INTO CHAR BUFFER
		WDR				WRITE CONTENTS OF ACCUMULATOR INTO DISPLAY REGISTER
		WDD				WRITE CONTENTS OF LSB OF ACC INTO DP DISPLAY REGISTER
		WRO				WRITE ACC INTO READ OUT REG
12		CLA				CLEAR ACCUMULATOR
		CMA				COMPLEMENT ACCUMULATOR
		IAC				INCREMENT ACCUMULATOR

図19　4004命令セット表．電卓専用命令KBP(キーボードのコード変換)や10進用命令DAAなどが用意されている．後に命令には汎用化の作業でいくらかの変更がなされた．

ス指定方式のみとなった．データのやり取りはすべてアキュムレータを介して行なうようにした．

これだけの機能があれば一応中央演算処理ユニットとしてのCPUの機能が

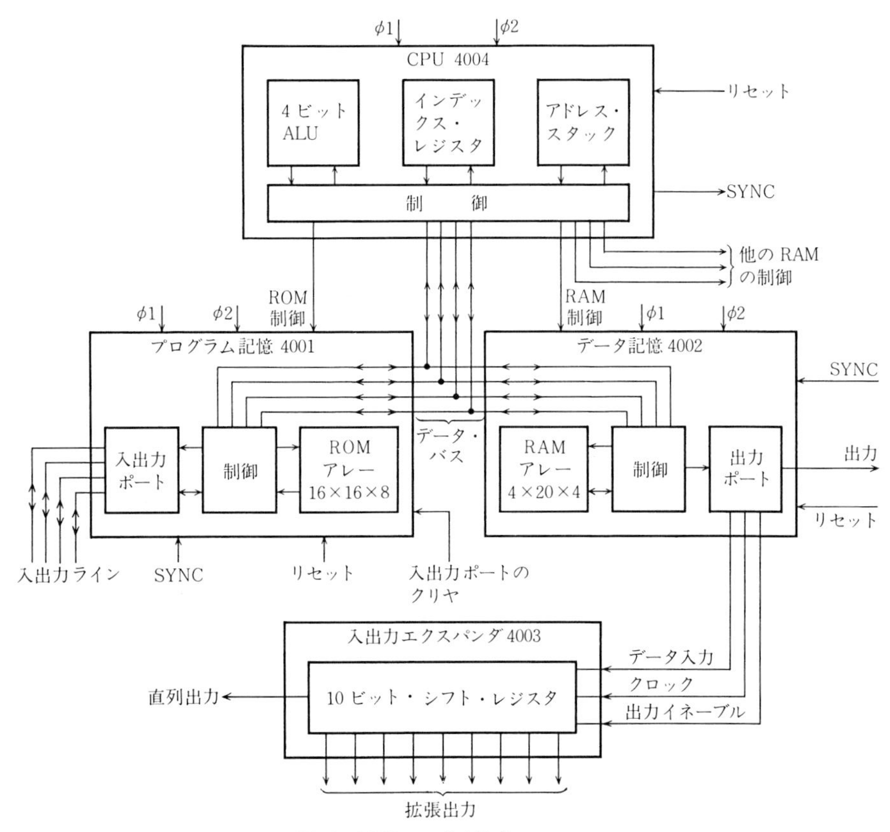

図 20　MCS-4 の基本構成

あるのだが，外界の状態を素早く知るための何らかのインタフェース回路が必要とされたため，ハードウェア回路がかなり必要となる割り込み機能を設けるよりも，もっと簡単なテスト・ピンを設けることになった．すなわち，テスト・ピン上の外界の状態を命令で直接判断できるようにしたのである．これは，翻訳ルーチン(後述)とテスト・ピンを組み合わせれば，必ずしも割り込み機構を設けなくても，必要な機能が得られると判断したからである．

次に，どのようなシステム・バスが CPU, RAM, ROM 間の接続に必要かが検討された．ここで2つの重要な提案が出た．マルチプレクス・バス方式の導入と，ROM, RAMチップのインテリジェント化である．この2つの提案のおかげで，CPUとROM, RAM間に何のインタフェース用回路も使用しないで，直接4キロバイトまでのROMと1キロワード×4ビットまでのRAMを増設できるようになった．マルチプレクス・バス方式の提案は，ただ1種のバスを用いて，アドレス・バスとデータ・バスを時分割に共用しようというものである．すなわち，CPU, ROM, RAMの3種のチップ間の接続を，特別なインタフェースを介さずに，4ビットの双方向性バスと数本の制御信号ラインだけで実現しようというものだった．そして，1命令の実行は基本クロックを8つ使って実現しようとした．まず，最初の3クロックで，4ビット・アドレス/データ・バスを使用して，合計12ビットのアドレスをCPUからROMに送出する．次の2クロックで，8ビットの命令語をROMから4ビット・アドレス/データ・バスを通じてCPUに送る．最後の3クロックで，その命令語の命令機能そのものを実行する．

ROM, RAMチップのインテリジェント化の提案は，これらのチップにも多少の命令実行機能などを持たせることによって，命令の実行時間を速くするだけでなく，CPU内の論理をより一層簡単化させ，総トランジスタ数を減少させることを計ったものである．まず，各命令の最後に，CPUから同期用の信号を各々のROM, RAMチップに送れば，各チップ内でこの信号を基本クロックと同期させてCPU内と同一のタイミング信号を発生できる．また各々のチップ内に入出力命令やメモリ・アクセス命令の命令レジスタとデコーダを設ければ，CPUのタイミングに合わせてこれらのチップ内でも命令を実行できるようになる．

さらに，CM(コマンド)と名付けた制御用信号を設けた．この制御信号も時分割されており，ROMの選択用のチップ・セレクト，RAMのメモリ・アドレスやROM, RAMの入出力ポートのアドレスをCPUからROM, RAMチップへ送出する際の制御，指定されたRAMメモリや入出力ポートとCPUの間

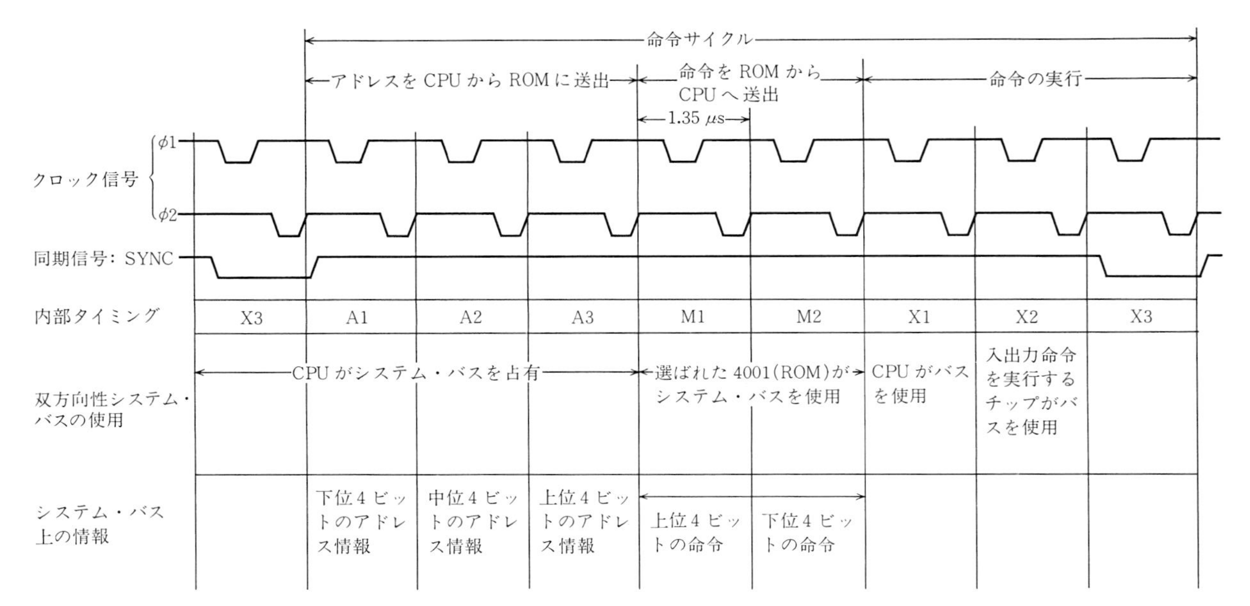

図 21　MCS-4 の命令実行とシステム・バスの使い方．最初の 3 クロック(A1, A2, A3)で，12 ビットのアドレスを 3 回に分けて，双方向性マルチプレクス・システム・バスを通して ROM に送り，選ばれた ROM は次の 2 クロック(M1, M2)で命令をシステム・バスを通して CPU に送る．M2 時に各 ROM, RAM で命令の解読をし，入出力に備える．送られた命令を CPU は最後の 3 クロック(X1, X2, X3)で実行する．各チップの同期をとるため同期用信号 SYNC が X3 時に送出される．

でのデータのやりとりの制御などのすべての制御を，この1本の信号線で行なえるようにした．この信号線はROM, RAM用に1本ずつ用意し，さらにRAMを増設するため3本の予備を設けた．こうして，外部にTTLなどの小規模集積回路をいっさい使わなくて済むようにした．当時，デコーダ・チップを使うのは非常に高価だったからである．

ROM, RAMの容量は，値段が同じであれば多ければ多いほどよい．しかし，1969年頃はまだまだLSIの入り口に到達したばかりの時期で，高い集積度の安価なメモリなどとても考えられなかった．私が最初に訪れた頃，インテル社では世界初の256ビットのMOSスタティックRAMの開発が終りに近づいていた．その担当技術者(現在のインテル社副社長)が，「もう私の一生の仕事はこれで終った」とその開発に対する感想を漏らしていた．また，当時電卓に使用されていたデータ用メモリであるシフト・レジスタでさえも宝石のように取り扱われていた．4004の開発を開始した1969年とはそんな時代であった．

このような背景のもとで，ROMは1チップ256バイトの容量に決めた．電卓の全機能を実現するためには，合計1キロバイト程度のROMが必要であると予想された．ただインテルとの話し合いでは，コスト・ダウンのため将来1キロバイトのROMを開発する予定もあったが，実現されなかった．以前プリンター付き電卓で使用したROMの容量は159ステップであった．そのマクロ命令は，その特定の電卓用に限定して効率良くステップ数を使えるように意図されていた．しかし，「4ビットのCPU」でまったく同じようなマクロ命令をマイクロ・ルーチンで作成することはできなかった．このため，基本の電卓用プログラムのために256バイト以上のROMが必要であろうと推測された．さらに，ラフなプログラムを組むことによってマクロ命令に相当するルーチンをマイクロな命令で組むために400バイト，プリンター制御に150バイト，キーボード制御に150バイトほどが必要というように推定された．これですべてのプログラムに必要なROMの容量は合計約1キロバイトとなり，実際の総プログラム容量もROM1キロバイトにうまく収められた．

一方，RAMは16桁のレジスタ4本分(16桁×4ビット×4レジスタ)に当たる256ビットの容量が1チップ内に設けられた．さらに，4004を電卓に応用するため，4桁分のレジスタをRAMチップ上の各16桁レジスタに付け加えるようにして増設し，計320ビットにした．この付け加えられたレジスタは，小数点や符号を格納するのに使われたり，4004 CPU内に設けられた8個の汎用レジスタの増強にも役立った．このRAMの容量が最後まで決断を遅らせた最大のネックとなった．一般に乗算を実行するときには，必要なレジスタの桁数は乗数の「桁数+1」となる．当時，高級電卓では16桁が普通であったため，17桁分のレジスタが必要なだけでなく，17桁目の特殊なプログラムが必要とされ，ROMがもう1チップ必要になった．最終的には15桁電卓を開発することに決定されたが，私としては何か物足りない感じが後々まで残った．

電卓用応用プログラムのステップ数を減少させるため，マクロ命令を実行させるための命令，例えばインタプリタ用の命令を豊富に設けた．仮に回路網がマイクロ命令の組み合わせで実現できたとしても，同じ回路を実現するために同じプログラムをそのまま幾度も繰り返し使用したのではプログラムのステップ数が必要以上に増大してしまう．CPU内部にプログラム・カウンタを含めて4段のスタックを設け，3段のサブルーチンのネスティングができるようにしてあるが，サブルーチンを1回使用するたびに命令に2バイトも使用したのでは，ROMの無駄使いになる．このため，図22のような，インタプリタが可能になるような命令とアドレス方式が選ばれた．

図22の例では，チップ2のROMにマクロ命令を使った電卓用プログラムが入っており，チップ3には各々のマクロ命令を実現するためのマイクロ命令で組んだプログラムが入っている．このようにインタプリタを使用して，電卓用プログラムのステップ数を大幅に短縮することができた．またこのルーチンに外界の状態を調べられるテスト・アンド・ジャンプ命令を挿入することにより，テスト・ピンを通して，例えば1ミリ秒に1回外界の状態を判断して，キーボードなどの入出力制御ルーチンにジャンプすることができるようになった．

```
        〔チップ 2〕
L1: JCN(Test); I/O サブルーチンへ
        ⋮
    FIN  R1  ; マクロ命令の開始アドレスをフェッチ
    JMS  S0…⋮
              ↓     〔チップ 3〕
            S0:     JIN  R1; マクロ命令へジャンプ
              ↓
            Mn:    サブルーチン開始
                     ⋮
                    BBL
    ↓…………………………………………
L2: ISZ  R1, L3  ; マクロ・プログラム・カウンタを更新
    INC  R0
L3: JCN(Zero), L1; マクロ命令へ分岐するか？
    TCC          ; 条件をチェック
    JCN(Zero), L2
    FIN  R0      ; 新アドレスをフェッチ
    JUN,     L1
```

図 22 4004 を電卓に応用したときのインタプリタの例. チップ2に電卓用プログラム，チップ3にマクロ命令のルーチンが入っている.

このため割り込み機能は設けなかった. プログラム・ステップ数をさらに減らすため数々の命令を追加した. しかしそれが度を越してしまい，サブルーチンからのリターン命令は，リターン後の条件ジャンプの容易さのために，命令によって選ばれた定数をアキュムレータに格納する特殊な命令にしてしまい，汎用性に反することになってしまった. これはマクロ命令に条件分岐があるときに使用するのだが，結果的には，たった2% くらいのROMの節約のため大きな失敗をしてしまったことになる. 最後まで問題として残ったのは，タイミング回路は不要になったものの，どのようにキーボードに必要なI/Oポートを確保するかであった. これについては10ビットのスタティック型シフト・レジスタを入出力ポート拡張LSIとして開発することになった. これはプリント・バッファにも使えた. そのLSIの価格については，私と高山氏がインテル社と直接に交渉することになり，2人でスタンフォード大学の芝生の上でも

図23　ヨセミテにて

っともらしいシナリオを作ったあと，ノイスと直接交渉してやっとこのLSIを2ドル50セントにしてもらった．その光景が今でも懐かしく鮮明に脳裏に浮かんでくる．私にとっては，それは青春そのものだった．この頃のインテル社はまだ小さく家族的で，皆でサンフランシスコへ当時はやった『ヘアー』(Hair)などのミュージカルを観劇に行ったり，ピクニックへ行ったり和気あいあいと仕事をしていた．

5　一時帰国へ

このように細部にわたる仕様の検討をほぼ完了したのだが，開発費と価格の点でビジコン社とインテル社の両社に問題があり，開発契約そのものがなかなかまとまらず，渡米後ちょうど丸6か月後の1969年12月20日に一時日本へ帰国した．帰国後，約3か月を費やして仕様の再検討をし，また実際の電卓用プログラムを作成し,「4 ビットの CPU」が本当に使用可能であるかどうかを注意深く細部にわたって調べた.検討結果はほぼ「YES」であった.

[4]
世界初のマイクロプロセッサ 4004の設計と誕生

1 ファジンの登場

1970年4月7日，インテル社との最終打ち合わせのため再度の渡米をした．インテル社では設計がかなり進行中であると予想して，今度は私1人で訪問したのだが，これが大きな間違いであった．この間違いが，幸か不幸か，私を半導体業界に導いただけでなく，私の人生を大きく変え，私の家族を未知の世界へと否応なしに引きずり込んだのである．

最終的な仕様の打ち合わせと，彼らの仕事をチェックするのが今回の訪問の目的であった．いざホフと打ち合わせをする段階になって，彼とともに1人のLSI設計者が現われた．それがLSI回路設計者のファジンである．回路設計者がいるということで，かなり設計が進行中だと期待したのだが，ホフは私をファジンに紹介してから，「後は彼が担当するから」と言い残してさっさと部屋を出ていってしまった．何か不吉な予感が頭を横切り，あっという間に希望が不安へと変わってしまった．

さっそくファジンと細部にわたる仕様の打ち合わせを始めようとしたが，これもまた期待と大きく違った．いよいよ不安が頭一杯に広がった．「私は2日

図 24　ファジン夫妻

前に，フェアチャイルド社からインテル社に入ったばかりで何も知らない」と言う．いわゆるアメリカ的合理性のせいか，ほとんど仕事の引き継ぎがなされていないように見えた．呆れるやらがっかりするやら，これはえらいことになったものだと思った．後で知ったのだが，私たちが前の年の 12 月 20 日に帰国してから，インテル社はまったく設計を進めておらず，ホフとファジンの間でもまったく何も仕事の引き継ぎもなされていなかった．逆に私に「4 ビットの CPU」4004 とそのマイクロコンピュータ・システムの内容を教えて欲しいとのことである．前途多難の様相を呈してきた．「とにかく現在までにでき上がった図面を見せて欲しい」と要求したところ，それは 10 月頃受け取った図面とまったく同じものであり，何も設計の進展が見られなかった．それはショック以外のなにものでもない．思わず目の前が真っ暗になった．

「これは一大事だ」と思い，まずファジンの経歴を聞いてみた．彼は 1941 年 12 月にイタリアのヴィンセント市で生れ，イタリアのバウダ大学で物性関係の学問分野で Ph. D. の学位を取った．1965 年に大学卒業後，CERES 社と SGS 社で半導体の仕事に就いた．

その後ファジンは，1968 年に渡米し，カリフォルニア州パロアルト市にあるフェアチャイルド社の研究開発センターに就職し，トム・クラインの助力を得て，pチャネル・シリコン・ゲートの研究開発の責任者となった．また回路技術とマスク(レイアウト)設計においてもかなり秀でていた．フェアチャイルド社がシリコン・ゲート技術を使ったLSIの応用にあまり積極的でなかったため，1970年にインテル社に移籍したのである．しかしこれらはすべて今回の渡米後にはじめてわかったことであり，渡米前には彼に関しては何も知らなかったし，インテル社から何も前もって知らされていなかった．

発注者が設計の助っ人に

ファジンの話を聞いてみると，ビジコン・プロジェクトのための技術者は，今のところファジン以外には誰も雇われてはおらず，2人目の技術者は6月頃に雇われる可能性がある，とまことに心細い話であった．さっそく日本と連絡を取り，私がインテルに協力することに決まった．ファジンの第一印象は，若くはつらつとしており，才気があるだけでなく真面目で，非常に真剣に仕事に取り組む技術者のようであった．簡単な論理設計は十分にできるとのことで，さっそく2人で話し合い，まず私が4004 CPUをはじめ，すべてのチップについて彼に説明した．とりあえずファジンがROM, RAMの設計を開始すると同時に，私が正式な外部仕様書，マニュアルと設計ハンドブック/レポートなどを作成し，CPUの論理設計を担当することに決まった．英語の下手な私が書いたマニュアルには，機能の説明に非常に多くの図が使われていて，私が作成した書類が長い間マニュアルとして使用されていた．もっとも，私の書いた英語はメイザーによってチェックされ，さらに秘書のところでもう1回チェックされた．この頃になると，私の英語もいくらか人と話ができるような程度になりつつあった．

具体的な設計を開始するにあたり，詳細なシステムや各チップのハードウェア・アーキテクチャをブロック図，タイミング図や論理表を加えて設計報告書的な書類に書き上げた．この書類に基づいてファジンがROM, RAMやシフト・レジスタを設計した．それらの書類はインテル社内のデザイン報告書にも使用された．

後年インテル社の過去の書類を見る機会が得られたときに，4004を中心としたビジコン電卓用4チップのLSI開発スケジュールに触れることができた．1970年4月22日の技術部長であるバデーズからマーケティング部長であるグラハムとインテル社幹部のグローブ，モーア，ノイスに宛てた報告書によると，そのスケジュールでは6月にもう1人の開発技術者が必要となっていた(表4)．

表4　ビジコン電卓用LSIの開発スケジュール

チップ	設計期間	論理	マスク	サンプル
CPU	8週間	6月	8月	12月
RAM	7	5月	7月	10月
ROM	4	5月	6月	9月
SR	6	5月	7月	9月

しかも，このスケジュールにはたった2人のマスク設計者しか予定されていなかった．もっとも，このスケジュールはファジンが入社する前の1970年2月に立てられ，論理設計や回路設計の工数についてはほとんど深く考察されていなかった．その設計には論理，回路，マスク(レイアウト)などの設計すべてが含まれていたにもかかわらず，4004シリーズの設計期間は，あたかも基本的開発設計が終了したメモリを改造したりしながら，ちょっとしたランダム論理回路を付け加える程度の設計量で見積もられていたのだ．ほとんど論理設計や回路設計に設計時間が取られていなかったわけである．これは今から考えると実現不可能な計画であった．そのスケジュールを見たファジンは何を思っただろうか．インテル社やファジンが私に4004などの論理設計を期待したのもわかるような気がする．いずれの場合も，レイアウト設計終了後，半導体製造に必要なワーキング・プレート(マスク)を作成するための原版(型紙)をレイアウトからカットするのに4週間，ワーキング・プレート作成に2週間，半導体プロセスに10日間が見積もられていた．この4月22日付けの手紙により，イン

テル社内における製品番号が正式に決まった(表5). このことによって, はじめて正式にビジコン社向け電卓用LSIのプロジェクトが発足したのである.

表5 ビジコン社向け電卓用LSIの製品番号

製品番号	LSI
4001	ROM
4002	RAM
4003	シフト・レジスタ
4004	CPU

インテル社では, 1000番台をダイナミックRAMに, 2000番台をスタティックRAMに割り当てており, 今回は4ビットの中央演算ユニットということで4000番台が割り当てられた. また8ビットのマイクロプロセッサには8000番台が使われ, 8008, 8080, 8085, さらに8086, 80286, 80386と, 16ビットや32ビットのマイクロプロセッサへと発展していった.

ファジンは日本人と同じで, どちらかというとワーカ・ホリック(働き中毒)の部類に入る技術者であった. アメリカの会社ではほとんどの人が5時の終了時になると一斉に帰宅してしまう. ところがファジンは, 連日帰宅は7時以後, そして土曜日も出勤となかなかのハード・ワーカであった. もっともこの頃のインテル社の技術者は, 多かれ少なかれファジンと同様にハードに働いていた. 普通インテル社では朝8時に仕事を開始するのだが, ミーティングは7時頃から始めていたことがかなりあった. 特にマスク設計者とのミーティングはよく7時から始めた.

ちなみにアメリカの会社と日本の会社の大きな違いの1つに仕事の密度がある. アメリカ流に力を入れて集中して朝8時から夕方5時まで働くと, 肉体も精神もクタクタになってしまう.

マイクロプロセッサの設計

4004ファミリーLSIチップを設計するにあたって，まず，回路設計をいかに短期間に完了させるかがスケジュールの最大のキー・ポイントとなった．当時，インテル社にはコンピュータがなく，回路シミュレーションのため外部の計算センターを利用していた．またそれに使用したI/Oターミナル(テレタイプ社製)の速度も1秒間に10文字と非常に遅く，大きな回路シミュレーションにはかなりの時間がかかった．ランダム論理回路網の場合は，時間的にも金銭的にも事実上不可能であった．このため，基本的な回路のシミュレーションはコンピュータを使用して実行し，複雑な回路はそれらの組み合わせを簡単な計算式に変換して回路設計をした．すなわち，回路設計マニュアル(ハンドブック)を作成して，回路設計のより高い効率化を計ったのである．これが後年8080, Z80の開発に大いに役に立った．

このプロジェクトには男1人，女1人の2人の優秀な専門的なマスク設計者が携わっていたが，彼らの持っていた技術はメタル・ゲート技術のマスク設計であり，当時の最先端技術であるシリコン・ゲート技術の経験はほとんどといっていいほどなかった．そこで，ファジンは基本的なレイアウトのスケッチをマスク設計者に渡していた．2人とも陽気で底抜けに明るく，私のたどたどしい英語を理解してくれ，レイアウトを教えてくれた．またパーティを開いたり，よく昼食に行ったりして，気持ち良く仕事が進んだ．チームワークは素晴らしいの一言だった．

また，ノイス，モーア，グローブらの幹部の人たちは，毎週1回従業員と昼食を兼ねた話し合いを会社創立以来続けており，忌憚のない意見があらゆる層から出てきてたいへん興味深い印象を受けた．このときインテル社は創立2年の新しい会社で，非常にはっきりした目標(メモリの半導体化)に向けて新しい技術(シリコン・ゲート技術)と製品を開発しつつ進んでいた頃でもあり，会社創立に参加したすべての人々に自分たちの会社を発展させるという意気込みがよく見られた．目標を持った会社がいかに強いか目の当りに見て，大いに参考になった．

ROMの設計にあたっては，アドレスの選択に多結晶シリコンがよく使われるのだが，あまりそのラインが長くなると，多結晶シリコンの抵抗による速度の問題が出てくる．私の提案でROMを2つのブロック(2バンク構成)に分割し，アドレス・ラインを半分にして高速性を維持する設計をしたり，アップ・ダウン・カウンタの簡単な作り方をファジンに教えたり，私がファジンから半導体プロセス，回路設計，レイアウト設計を教わったりして，和気あいあいと仕事を進めた．

4月以来，私はファジンと同じ部屋で仕事をしていて，随分と勉強になったし，後年のLSI技術者としての基礎を築きあげることができた．LSI設計のもっとも基本となるレイアウトをベースにした回路技術を身に付けたのも，マスク設計者の使い方を覚えたのも，LSI開発の方法論を知ったのも，そして挑戦的で創造的な仕事がいかに技術者を発奮させ，かつその成功が大きな喜びと同時に大きなお金をもたらすかを知ったのも，すべてこのわずか6か月の間の仕事を通じてであった．私にとってファジンと4004を共同で開発したことは，良くも悪くも，麻薬以上のものであり，今でも新しい応用分野向けの新しいLSIの開発には血が騒ぐような感じがする．

2人とも煙草を喫うため何度となく一緒に禁煙を始めたのだが，彼には会社からのプレッシャーがかなりあったためか，いつも彼の方からギブ・アップしていた．彼の奥さんもイタリア人である．料理がたいそう上手な人で，私はほぼ毎週といっていいほど夕食を御馳走になりに行ったものである．一般にアメリカ人の夕食はだいたいが味もそっけもないステーキと冷凍野菜だった．招待されても会話を楽しむのが主であり，食事は従であった．それはあまり英会話が上手でない私には苦痛であった．それに対してファジンのところは本格的なイタリア料理で，しかもメニューがよく変わり，ファジン宅での夕食が楽しみだった．またどんなに英語が下手でも，食べ物のことになると料理の材料や料

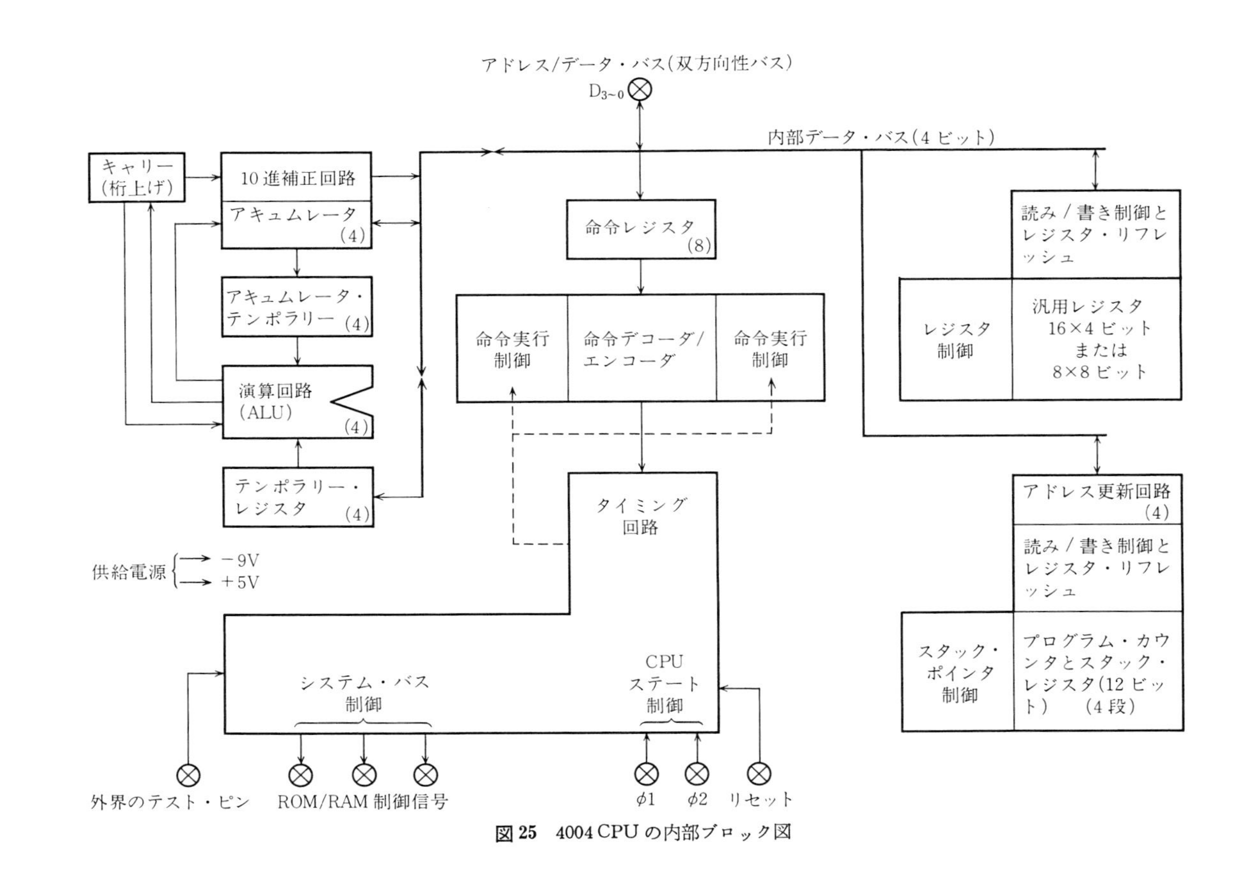

図 25　4004 CPU の内部ブロック図

理のやり方などいくらでも話題が尽きなく，それにワインの話が出るともうひとりでに舌が回っていくようだった．

彼もときどきは自身で料理をして食べさせてくれた．簡単なものだと，スパゲッティ・カルボナーラ．まずスパゲッティをたっぷりのお湯でゆでる．このとき魔法使いのような手付きで熱湯のなかに塩を入れ，ウーム，よし，今だ！そして次に豚の脂身のベーコンのようなものをフライパンで焼き，そしてそれをオーブンに入れ，その上にゆでたスパゲッテイを入れ，最後に生卵を入れて掻き混ぜるような掻き混ぜないような具合にしながらオーブンのなかで料理をしてでき上がり．とても美味しかった．また，この頃はミュージカル映画の全盛時で，ファジンともよく見に行ったりした．もっとも，あまり英語の得意でなかった私には，ちょっとシンドイ付き合いでもあった．

4004 CPU の機能のブロックには表6のようなものがあり，各ブロックの論理自身はあまり難しくない上に，命令をグループ化することによってランダム論理を減らしてみた．論理の量も1人の技術者が十二分に設計と管理ができるほどであった．しかも CPU の仕様を熟知していたせいか，その論理設計は2, 3か月ほどで完成した．

表6　4004の論理ブロック構成

タイミング回路
システム/コマンド・バス制御
命令ユニット
命令レジスタ/解読/実行機構
プログラム・アドレス・スタック
プログラム・アドレス・カウンタ
汎用レジスタ・ファイル
主演算ユニット
2進/10進/ロジカル・演算

最終的に4004 CPU の総トランジスタ数は2200個となった．いわゆるゲート数に換算して約600ゲートである．命令の種類が少なかったこと，命令そのものがすでに簡単化されていたことと，CPU が簡単な有限状態機械で作られ

ていたことのためか，CPU はランダム論理方式を使用して容易に組むことができた．600 ゲートのうち頭を捻って論理を組んだのは約 100 ゲートぐらいではなかったかと思われる．

この 7 月頃になると，ホフが開発していた論理シミュレータが完成し，それを利用してさっそく論理のチェックを行なった．同時に日本側でも私が作成した論理図に基づいて，増田氏が中心となってブレッド・ボードを作成して，論理のダブル・チェックを行なった．ただコンピュータを使用した論理シミュレーションには大きな金がかかり，毎月ホフから今月はこれだけの出費があったなどの報告があった．出費はビジコン社が支払う開発費のなかから負担することになっていたので，5000 ドルに達したところでシミュレーションを中止した．

4004 ファミリーの開発は非常に速い速度で進められた．ROM, RAM およびシフト・レジスタの各チップについては，論理，回路，パターンの設計がわずか 4 か月で終了した．

9 月に入ると 4004 CPU のパターン設計がいよいよ開始された．CPU のマスク・パターンの設計を見ていると，私の描いた図面通り(位置までもほぼ同一)にできあがってきつつあった．これは非常に気持が良かったし，たいへん興奮し感激した．CPU の設計にはトランジスタを直接使用し，マスク・パターンを想像しながら図面を描きあげた．でき上がったチップの写真と図面とを比較すると，その類似性にまた驚いてしまった．この経験は後年大いに役に立った．

LSI が登場して以来約 20 年間，LSI のプロセスは 2 次元の構造を使用しており，変わったのはわずかにメタルが 2 層になっただけである．それ以前は 1 層のメタルを使用していた．すなわち，メタルとメタルは交差できないので，メタルと交差する信号には多結晶シリコンや拡散層を使用する．したがって，人間が考えたままのような配置となるのである．これは電卓の基板のパターン(配線)設計と非常に似ていた．また，回路図を見てパターン図が想像できるよ

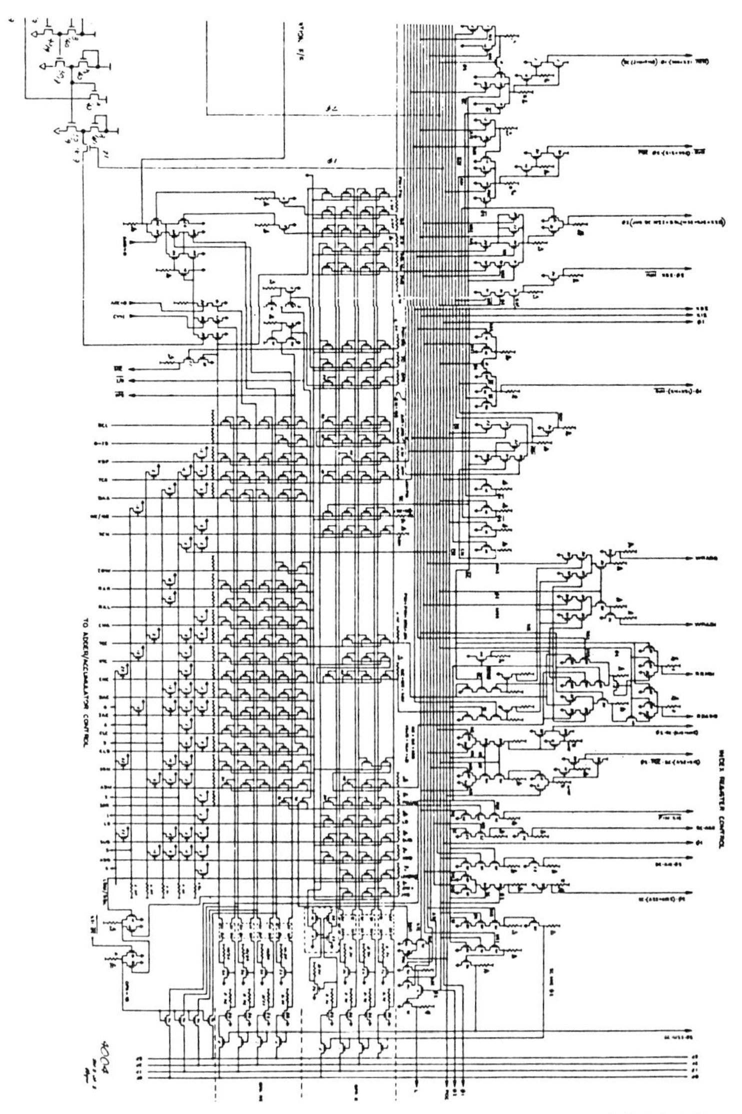

図 26　4004 CPU の回路図 3 枚のうちの 1 枚．命令レジスタ，デコーダ，命令実行制御などの部分．各トランジスタにはすべて寸法を記入してある．マスク・パターン設計はこの回路図とほぼ同じ配置で行われた．したがって回路設計時には，計画通りの配線負荷容量や抵抗値を使用することが可能となった．

うであれば，パターン設計が容易になるだけでなく，トランジスタの配置が詳しく予想できるので，回路設計も正確に行なえる．この一見単純な設計がほとんどのLSI設計技術者にできないのが現状である．それを実現するためには，論理設計と回路設計の間に最適化設計という金と時間と才能が要求される仕事を導入しなければならない．

10月に入ると，シフト・レジスタやROMなどが次々とウェーハとして完成してきた．ファジンはLSI設計の難しさを知っていたためか，シフト・レジスタのウェーハができあがると私を実験室に呼び，一緒にデバッグしようと誘った．チップが予想通りに動いたときの彼の感激は非常に大きなものだった．私は，動いて当り前だと思っていたので，正直に言ってあまり興奮はしなかった．後に，パターン設計に参加して初めてLSI設計の難しさを知ったのだが，このときは，論理的に可能であればその実現も可能であると思っていた．経験がないと成功の喜びも薄いようである．

4004のパターン設計が進行するに従い，私もCPUのマスク・パターンのチェックに参加した．パターンのチェックを開始してみると，人間にはそれぞれ弱みがあり，それが技術的なものであれなんであれ，必ず同じ間違いを繰り返していることがわかった．各々のマスク設計者のウィーク・ポイントを見つけることができれば，間違いの生じる少し手前で相手の考えを聞いてみて，失敗する前に軌道修正が可能であり，チェックもかなり短時間でできるのである．この当時は，すべてのパターンの設計を人間がやるばかりでなく，パターンのチェックもコンピュータではなく人間がやっていた．チェックのため白い紙に10センチ四方の穴を開け，そのなかのパターンを注意深く半導体プロセスの規則通りに設計されているかどうか調べ，そのセクションが終れば次のセクションへと進み，原則として間違いがなくなるまで繰り返すのがルールである．これは非常に過酷なルールであり，いかに短期間にマスク・パターンのチェックを終らせるかが技術者の腕前であった．当時，マスク・パターンのチェックを専門にする職業があり，マスク設計者よりはるかに高い収入を得ていた．ただパターンの設計をやらせるとほとんどできなかった．この職業は，コンピュータによるデザイン・ルール・チェックが実用化し，かつコストが安くなったときに自然と消滅した．それでも1975年頃計算センターに依頼すると，1回で1万ドルもかかった．

マスク・パターンのチェック専門の部屋に入ると，行くたびによくノイスがいて，ライト・テーブル上にマスク・パターン図に基づいて切り出した型紙(ルビーといって，赤いルビー色をしたフィルム状のもの)の原図を置いてチェックをしていた．彼の脇を見ると煙草が2,3箱重ねて置いてあり，部屋中煙草の煙でモウモウとしていた．その部屋は本来禁煙なのだが，なぜかノイスは煙草を喫っていた．後年，私が8080のマスク・パターンやルビーをチェックしていると，女性のオペレータに「インテルには2人の悪者がいる，お前とノイスだ」と言われた．2人とも煙草を喫いながらルビーをチェックするため，その灰を落してしまうとルビーが焦げてしまい，彼女たちが修正しなければならなかったからである．焦げ目1つにチョコレート1箱の罰金であった．

私が担当している論理に関する仕事が8月中旬に終わり，9月に入るとテスト・プログラムの作成に着手した．この頃はまだランダム論理LSI用のテスタがなく，パシフィック・ウェスタン社製のテスタを改造して4004シリーズLSIのテスタにしようと検討した．PW10テスタは磁気ドラム・メモリを内蔵していて16チャネルのテスト・ピンが選択でき，4キロステップのテスト・パターンを使うことができた．ところが，テスト・プログラムをすべて作成してみると，大きな失敗が浮び上がってきた．それは，CPUへのリセット信号で内部のタイミング論理をクリアしなかったことである．マスク・パターンの変更は無理なようなので，テスタのほうで調整するようにした．このように論理的には何も問題でなかったことが，テストをする段階で問題になるようなことも，LSI設計特有の難しさである．一方，テスト時間短縮のため，内部のアキュムレータやキャリーなどのフラグを自動的に外部に送出する論理を組み込んであり，設計終了後，いろいろの観点から設計の評価をする重要性が認識された.

ヨーロッパで市場調査をして帰国

10月の中旬になると，残された設計の仕事は4004 CPUのマスク・パターン設計のほんの一部分のみとなった．ROMとシフト・レジスタ・チップは1回目の設計試作で正常動作が確認されており，RAMチップはマスク・パターンの設計が終了し，ルビー(型紙)をカットしている工程にあった．後は時間だけが問題となったため，帰国することに決めた．この頃までにはファジンからだいぶMOSのことを教えられ，門前の小僧にもお経の一部を少しは理解できるようになった．

せっかくアメリカに来ているので，プリンター付き電卓の新製品の詳細な機能仕様を決めるために，ヨーロッパのOEM先の要望を聞くべく，ニューヨーク，イギリス，フランス，ドイツ，イタリア経由で日本へ帰国することになった．ニューヨークは，カリフォルニアのシリコン・バレーと比べればはるかに都会だし，生き生きしていて，ビジネスの中心で活気があったが，あまりにも騒々しかった．そこで仕事をするのにはよほどのバイタリティがないと表に出る機会はまったくないだろうし，逆にバイタリティとアイデアがあればこれほど面白い場所は他にはないだろう，そんな印象が強かった町である．

イギリスでは，英会話をアメリカのカリフォルニアで自己流で習ったせいか，発音，アクセント，イントネーションなどすべてがあまりにもイギリスの英語と異なり，例えばリンカーン(Lincoln)ホテルに行くだけでも随分と時間が掛かってしまった．しかし，ヨーロッパのすべての都市は，まだファースト・フードの店のない頃だったので，街自体が非常にきれいで，いずれも異なる永く豊富な深い歴史を背景に，特長のある，かつ何かを主張しているかのような美しさを持っていた．いや，美しさを前面に出しているようであった．ヨーロッパ人が個性的で斬新な独創性あるアイデアを出すことができるのがわかる気もした．

ミュンヘン(アメリカではミュニックであり，ミュンヘンに行きたいと何遍言っても通じなかった)に行ったのはオリンピックの2年ほど前で工事が進行中の頃であった．タクシーに乗ると運転手がたどたどしい英語で話しかけてくる，家族的なホテルに泊ると女のオーナーがやはり英語で話し掛けてくる，フランスとは随分と違った印象を受けた．何とも真面目な国民性がまともに出ているような印象を受けた．オリンピックでドイツに来る観光客にどうしたら気持ち良く楽しんでもらえるか，そのためには英語をマスターすることがまず第一歩であり，もっか勉強中とのことであった．また，OEM先の事務所を訪ねると，IBMカードを何枚かシリアルに繋いで，それに客先の住所や慣用の文章などをあらかじめパンチしておいて，カード・リーダが付いているタイプライタ(I/Oタイプライタ)で自動的に読み，そしてタイプする機械が置いてあって，その効能を真剣になって説明をしてくれた．いずれにしてもドイツ人の真面目さに感心したりびっくりした．ヨーロッパへの旅は，電卓の機能仕様を決めるためのものであったが，個性ある環境と人に触れたのが最大の収穫であった．

マイコン電卓一発始動

帰国後，プリンター付き電卓の仕様を決め，電卓用プログラムを完成させ，実際の電卓の開発に着手した．1971年4月頃にCPU，RAM，シフト・レジスタの各LSIチップが入手できるとの連絡が入り，プログラムの評価用エンジニアリング・サンプルを作成することになった．ROMに相当する部分は256ビットの市販のRAMを使用して製作し，4004とのシステム/コマンド・バスとのインタフェースはインテル社から供給されたMOSトランジスタで作った．プログラム用RAMへの書き込みは，ビジコン社で販売していた科学計算用電卓に使用していたIBMカードの読み取り部品を利用した．さらに，電卓用プログラムの変更を容易にさせるためのハードウェアや，プログラムのデバッグが簡単にできるためのハードウェアとソフトウェアのモニターも作り，今で言うマイクロコンピュータ開発

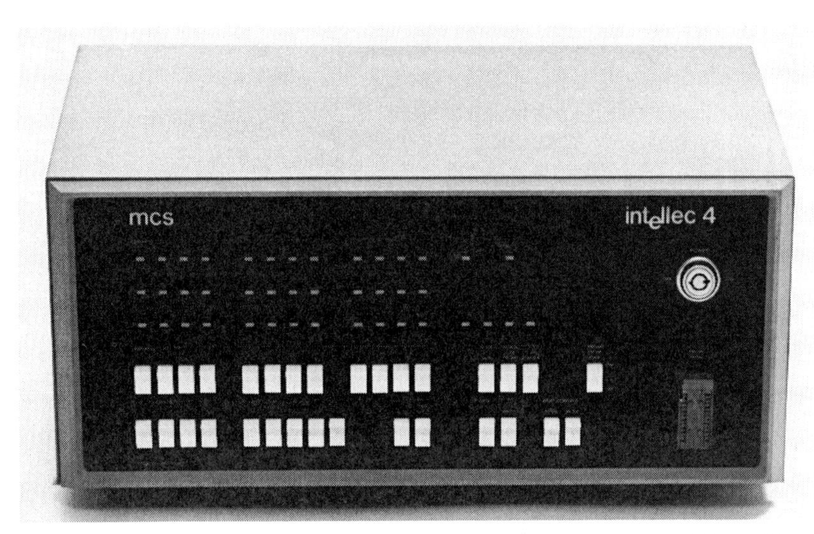

図27　MCS-4マイクロコンピュータ・システムの世界初の開発支援システムであるインテレック4．プログラムの入出力には紙テープが使用され，開発(デバッグ)中のシステム・バスや4004内部レジスタの情報はパネル上のランプで表示される．

支援システムを作った．我田引水かもしれないが，このシステムは初期のマイクロコンピュータ開発支援システムと比較して決して見劣りはしなかった．

ただ，ソフトウェア言語までは開発する時間的余裕も能力もなかったので，機械語を使うことに決めた．電卓用プログラムを作成したら，ROMのマスクのプログラムに当たる各々のビットに対応するルビーの位置にマークをし，直接マスクの情報をインテル社に送ることに決め，最終的なプログラムの作成に着手して，3月頃に完成した．

1971年の4月に入ると，待ちに待った4004 CPUチップが羽田に到着した．到着したのだが，手に入れるのに時間がだいぶかかってしまった．輸入に当たって，ごまかせばすぐ税関を通ったのだが，まともに申請をしてLSIの説明をしてしまった．4004 CPUチップのようなLSIを輸入した経験が税関の誰にもなかったためか，日にちがどんどんと過ぎてしまった．どのようにして税関

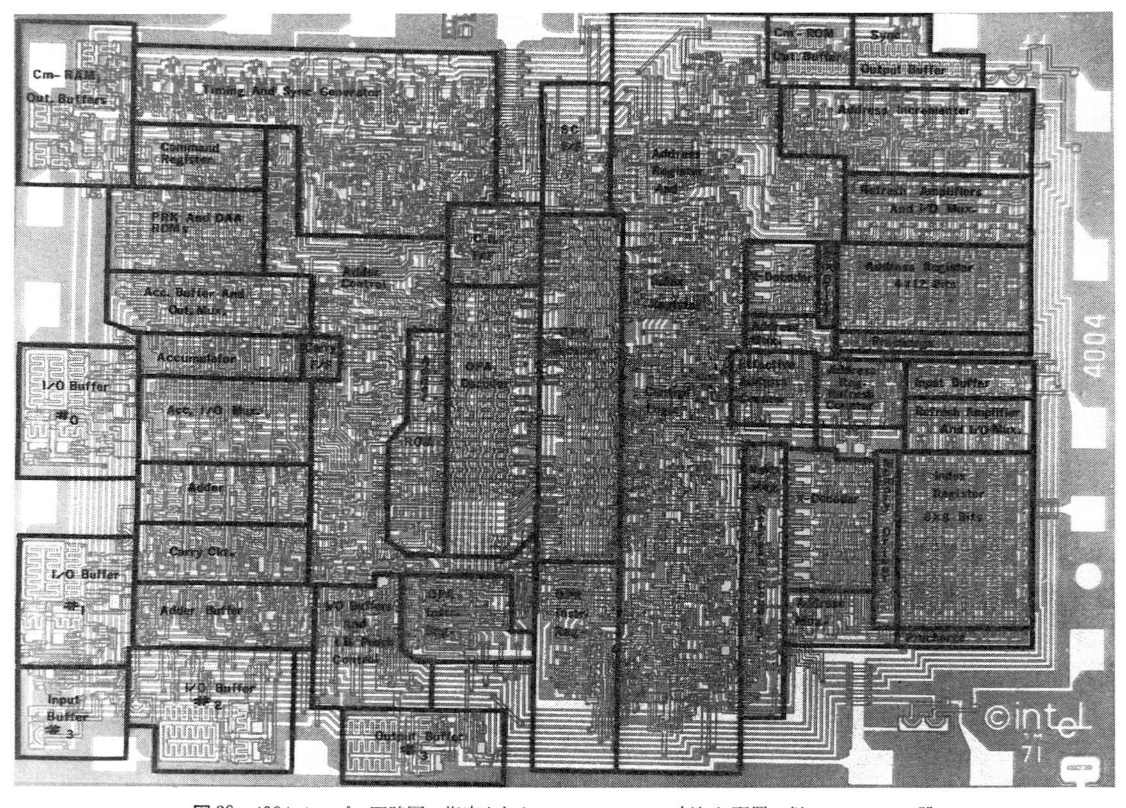

図28　4004チップ．回路図に指定されたトランジスタの寸法と配置に従ってパターン設定してある．回路図とパターン図の類似にはびっくりした．

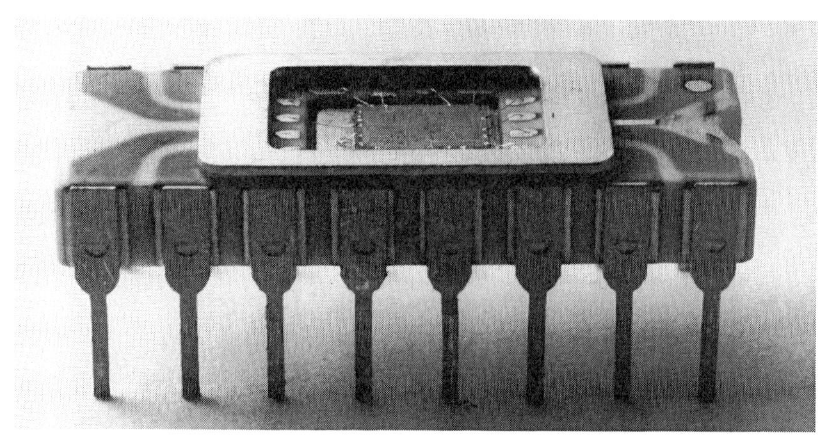

図29　4004の16ピン・セラミック・パッケージ

を通したのか記憶に残っていないが，4月の中旬にはやっと手に入れることができた．

いよいよ，いわゆる火入れ式である．4004 CPUをあらかじめ用意しておいたシステム的にデバッグされた試作用エンジニアリング・モデルに組み込み，IBMカード・リーダを使ってプログラムを読み込ませ，簡単な命令を実行してみた．胸のドキドキする鼓動がハッキリ自覚して聞けるほど緊張していた．プログラムの結果を表示してみると，4004 CPUは確かに動いているようであった．さらに，2,3の異なる簡単なプログラムによって動作の確認を行なった．

今まで現われたすべての現象が，4004 CPUが正確に動作していることを示していた．いよいよ電卓用プログラムを試作モデルに読み込んだ．モデルをリセットして，プログラムを始動させた．プログラム・カウンタのアドレスを表示しているモニターによると，キーボードが押されているかどうかを調べるプログラムが実行されているようであったし，キーボードのスキャン用信号が正確に発生されていた．もう待てなかった．数字キーを押し，次に加算キーを押し，プリント・アウトしてみる．加算キーを押してプリントされるまでの時間が実に長く感じられた．大学入試の結果を見に行って，自分の番号が載っているはずの紙が貼られるとき以上の緊張感があった．目がひきつり，頭がボーッとして，高血圧症になったみたいだ．自分の目をどこに置いていいのか，目の置き場所に困ってしまった．結果を早くみたい，でも永遠に見なくて良いのであれば見たくはなかった．

「動いた！」

心臓がブルブルとして，体が熱くなるのを感じた．そして頭だけが不思議と醒めているのが感じられた．

次々といろいろのキーを押し，電卓の機能の検証を始めた．何時間，何日経ったか覚えていないが，非常にスムースにプログラムのデバッグが終了し，すべての機能検査が終わった．とうとうマイクロプロセッサを使用した電卓が誕生したのだ．

終わってみれば，意外とあっけないマイクロプロセッサの誕生であった．当時は，自分がどのような役割を演じたのかも知らず，ただただ新しい電卓の開発に夢中であった．4004 シリーズの誕生は下記の通りである．

4001(ROM)	1970 年 10 月
4002(RAM)	1970 年 11 月
4003(シフト・レジスタ)	1970 年 10 月
4004(CPU)	1971 年 3 月

4004 CPU は 1971 年 1 月に最初のウェーハ(A ステップ)が完成したが，内部に使用したメモリのアドレス・ドライバ回路にちょっとした不注意による間違いがあり，完璧に動いたサンプルは 3 月に出荷された．

4004 CPU 開発以後

ここで，4 ビット CPU の採用による電卓の仕様の変更を振り返ってみる．まず電卓用 LSI 開発を考えたときに予定した桁数が，16 桁から 14 桁に減少した．一方，電卓用としては比較的大容量の RAM が使用可能であったためと，新しい機能を追加するのに，

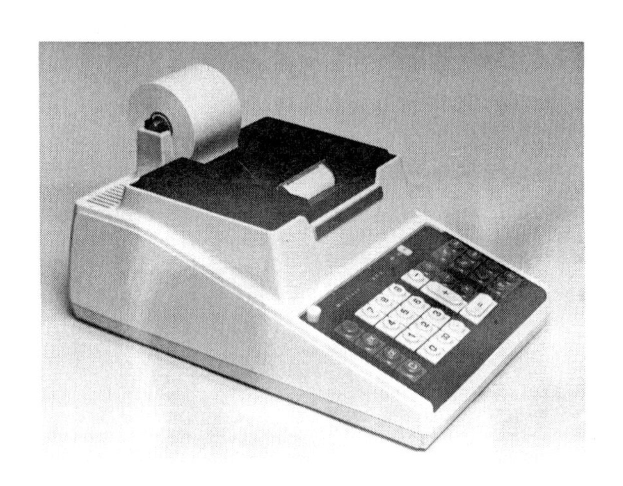

図30　4004を使った電卓の外観．TTLなどを使用して作られた最初のプリンター付き電卓と比べると，かなり小型化されている．

ハードウェアはいっさい使わずにROMによるプログラムを追加するだけで実現可能だったので，最高8ストロークのキーボード用入力バッファを設けることができた．このおかげで印字中でもキー入力ができるようになり，この機能は多くのプリンター付き電卓に広く採用されるきっかけになった．このほか，全般的機能向上が1キロバイトのROM内で実現し，新たなROMを付け加えることによって，例えば平方根を得られるような特殊機能をさらに簡単に増設できるようになった．

6月に入ると，発注したROMもでき上がり，量産試作機も完成した．届いたROMを基板に差し込むと電卓は一発で正常に動いた．この頃の私は，信頼性試験のための量産試作や，工場に降ろす仕事で目が回るように忙しく，ROMを載せた電卓が動いてもあまり感動はなかった．インテル社では量産用のテスタがまだでき上がっておらず，かといって電卓の生産を延期することはできなかったので，とりあえず量産試作機を1台送り，それをテスタの代わりに使ってもらうことにした．プリンター付き電卓もだんだんと価格競争に入り，プリンターそのものも，東京オリンピックのために開発されたプリンターから，も

図31　4004とそのファミリー・チップを使った電卓用ボード．TTLを使用して設計されたプリンター付き電卓とほぼ同等の機能が1枚の基板に納められている．上段中央部の白っぽいLSIが4004.

っと価格の安い新型プリンターへと移行しつつあった．ところが，モーターが容量不足だったのか，それとも駆動部分に滑らかに動かない部分があったせいか，回転にムラが出たり，消費電力が急に大きくなったりして，そのために電卓の電源の再設計で頭の痛い日がだいぶ続いた．ファジンに伝えてテスタ代わりに使っている試作用電卓の電源部分を変えてもらった．この試作用電卓は，私がインテル社に正式に入社した1972年11月にはまだ動いており，さらに私の記憶では8080の設計にも使い，ザイログ社に移ったあとも1977年頃まで正常に動作していた．現在は，ファジンが個人的に所有している．

LSIによるプリンター付き電卓の量産がスムースに開始されたので，私は

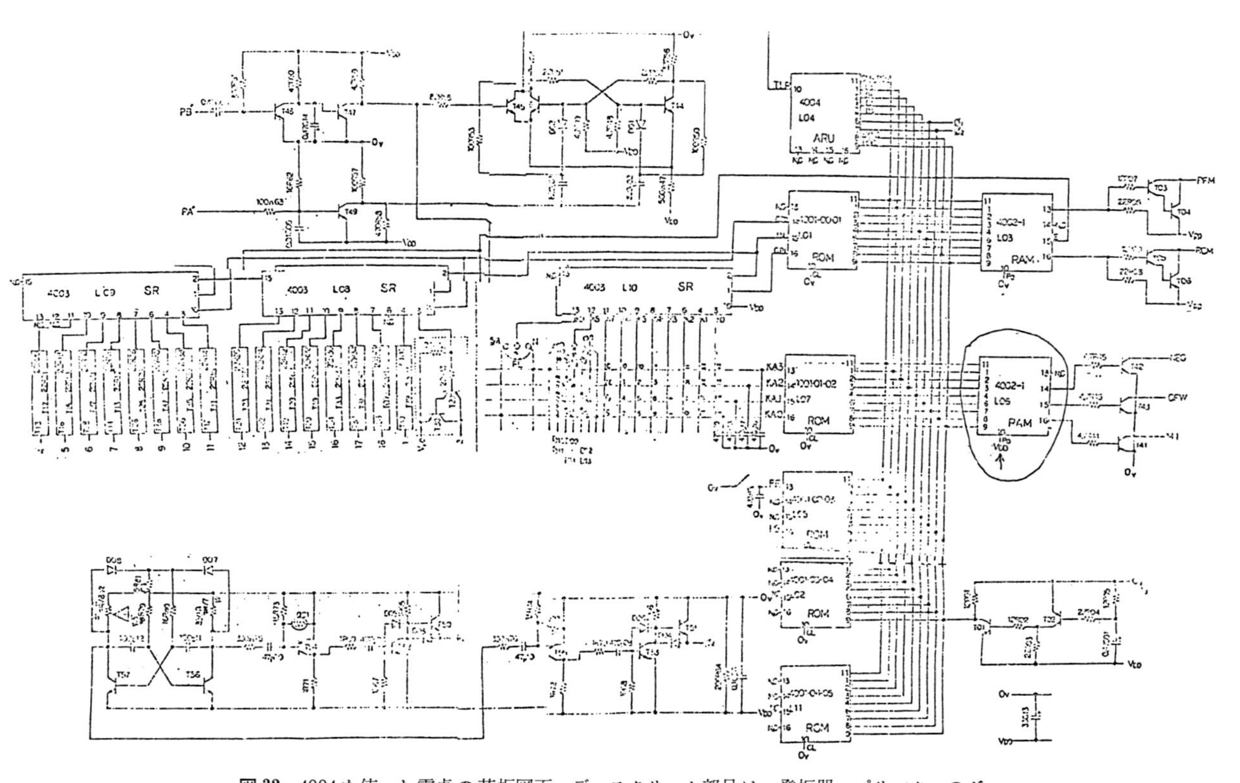

図32　4004を使った電卓の基板図面．ディスクリート部品は，発振器，プリンターのドライバと，プリンターからのタイミング信号をセンスする回路のみとなった．

4004ファミリーをビジコン社の新製品に応用できるように，若手の社員を集めて教育に専念した．ビジコン社では，すでに会計機の開発に着手しており，資金の関係からもう1つの大きなプロジェクトを新たに開始する余裕がなかった．もっとも，日本に帰れば組織上，私はただの平社員であったから，新しいプロジェクトを私自身が責任者となって興すことなど望むほうがおかしかったかもしれない．新天地を求めるため1971年9月にビジコン社を退社し，リコーに入社してシステム部門で働くことになった．

一方，インテル社においては，4004が電卓以外のアプリケーションにもかなり売れそうだとファジンが強く上層部に進言して，1971年の6月から8月にかけてビジコン社と交渉した．電卓の大量生産化競争による資金的な問題が生じてきたビジコン社は，開発費の返却とLSIのより低価格での入手の条件で，インテル社に外販の許可を与えた．インテル社では9月に最終的なマーケティングの決定がなされ，1971年の11月に4004がアナウンスされた．4004のサンプル価格は1ドルが360円の時代で100ドルもした．量産になっても30ドルより安くはならなかったようである．

ここにマイクロコンピュータが正式に誕生したのである．

8080の開発

1　ミニコン技術の習得

1971年9月にリコーに入社すると，マイクロコンピュータとは関係がなくなり，また一からのやり直しが始まった．しかしリコーで手掛けた仕事は，後年8ビットのマイクロプロセッサの開発に大いに役立った．

まず最初の仕事は，リコーが製造，販売しているヒット商品の1つである入出力タイプライタ(改造されたIBMセレクトリック・タイプライタに紙テープ・リーダ/パンチャが組み込まれている)に，コンピュータに接続可能なインタフェースを設ける仕事であった．このような低速の入出力機器を制御させるのにMCS-4は最適なのだが，その時点ではMCS-4はビジコン社の独占契約のため，その存在さえも知らせることはできなかった．次の仕事は，リコーがアメリカから輸入し，販売していた，今日で言うミニコンピュータを使用した図形処理ターミナル(Graphic Terminal)を，日立の大型コンピュータのチャネルに接続するためのインタフェース作りであった．

そして3番目の仕事が，後の8080の開発に直接役に立ったため，電卓やマイクロプロセッサの開発とともに忘れられないプロジェクトの1つとなった．それは，リコーの販売していた事務用計算機RICOM-8に使用されていた大容量外部記憶装置である磁気ドラム装置のための，ミニコンを使用した検査機の開発である．検査機の本体に使用したミニコンは，たまたま倉庫にあった日本電気製の8ビットのミニコンNEAC-M4であった．テスト・ヘッドへの入出力データの転送や，比較用のデータのRAMメモリから比較ユニットへのデータ転送を，CPUを介さずに直接DMA (Direct Memory Access)機能を利用して行なったりして，そのDMA機能の必要性を肌で感じた．また8ビットのミニコンをアセンブリ言語を通してコントローラの応用分野に使用することによって，その8ビットのミニコンとしての命令体系，アドレス指定方式，割り込み機能，タイマ機能，DMA機能や，コンピュータとしてのシステム・バスの使い方などを理解し，使い勝手を蓄積することができた．

4番目の仕事として，1秒間に30文字ほど打てる，当時としては高速なシリアル・プリンターのヘッドの位置決め，加速，ブレーキを掛けながらの減速などを，電子回路で制御するための設計にも従事した．メカニカルな制御を担当する機械技術者との仕事は納得できないことも多かったが，新鮮でもあった．このように，自分の意志とは関係なく，偶然にも8ビット・マイクロプロセッサやマイクロコントローラの開発に必要な知識や経験がすべて，リコー入社後のわずか14か月で身に付けることができた．この14か月の出来事は，私にとってラッキーとしか言いようのないものであった．

インテル社からの誘い

この間，インテル社が1971年の秋にマーケティングの活動を決定し，1972年4月に正式に市場にアナウンスされた8008の評価は，ユーザーの間でかなり高かった．第1世代の8ビット・マイクロプロセッサの原形になったのは，データポイント社のCRT付きインテリジェント端末機器用に開発されようとしたカスタムLSI 1201である．これは8ビットのキャラクタを主として取り扱うLSIとして開発されようとしたもので(これが後に8008となる)，MCS-4の経験に基づいて，特殊な応用に使われるのではなく，8ビットのデータが処理できる汎用のプロセッサとして1971年3月に開発が開始された．汎用化した結果，データポイント社は自社のアーキテクチャと互換性を持たせることができなかったため，最終的にその採用を取り止めた．しかし，それに目を付けた日本の精工舎の要請で開発が再開され，1972年3月に完成した．精工舎は8008を科学計算器S-500に採用した．

インテルが開発したマイクロプロセッサ4004や8008が日本の技術者に知られるようになったのは1972年の春を過ぎた頃で，リコー内部でも8008をCRT付きの端末機器に応用するように検討が始まった．また，東京電気をはじめ数社で，4004を電子式キャッシュ・レジスタや電子ハカリなどに応用すべく詳細な検討が進んでいた．

第1世代のマイクロプロセッサ4004は，TTLなどのハードウェアで組んでいた低速回路網をソフトウェアで置き換えることを可能にし，システムの設計者にプログラムによる設計の柔軟性と，LSIファミリーによるモジュールの考えをもたらすことができた．一方，8008は8ビットで構成される文字(キャラクタ)を取り扱うことを可能にした．8008のアイデアは良かったのだが，あまりにも低速(4004 CPUよりも遅い)であったことや，アドレス指定方式を含めた命令セットの種類が貧弱であったため，応用分野は限られた範囲に留まらざるをえなかった．すなわち，製品そのものが市場の拡大を阻害したのである．特に，8008は開発に当たってユーザーからシステムを構築するための要求が提示されなかったため，システムを作るために最低20から30個のTTLなどの小規模集積回路が必要とされた．

しかしマイクロプロセッサのコンセプトが市場に受け入れられたことと，パフォーマンスが10倍上がれば応用分野がさらに2倍から3倍広がることが予想されたことで，インテル社は8008に続く第2世代のマイクロプロセッサの開発を1972年の初頭に決定した．

ファジンは会社に私を雇うことを了解させると同時に，販売と企画のマネジャーでマイクロプロセッサの将来性を確信したエド・ゲルバックとともに，1972年の4月に日本へマイクロプロセッサの売り込みに来た．ファジンは日本に着くとさっそく電話を掛けてきたのだが，私は「懐かしい，ファジンはどうしているのだろう」と久し振りの再会を楽しみにした．ところが，帝国ホテルでファジンとゲルバックに会ってみると，考えてもいない「インテル社への入社」の要請であったため，戸惑いを感じてしまった．しかもリコー入社後わずか6か月後のことである．眠りについた野望を無理矢理覚まされた思いであった．だいぶ長い間考えた末，インテルに承諾の返事を出したものの，自分の心までしっかりと固まっていたかは本人にもはっきりしていなかった．

当時，カリフォルニアにおいては，特に半導体業界においては日本人技術者の地位はかなり低く，日本人の1世も2世も設計技術者としてはほとんど働いていなかった．また，永久滞在許可証(グリーン・カード)がないと毎年滞在許可を更新しなければならず，そのためには会社から推薦状をもらわなければならなくて，身分は非常に不安定であった．また一部では日本人への差別がだいぶ強く，程度のあまり良くないレストランに行くと注文した料理を投げるように置いていくウェトレスをときどき見かけ，実に不愉快であった．このため，インテル社には日本で永久滞在許可証を入手することを要請した．これはほぼ不可能だったらしいが，もし手に入らなければ，そのままリコーで働く予定であった．8月になっても永久滞在許可証は手に入らず，インテルから，本人さえアメリカに来ればサンフランシスコの最高の弁護士を雇って永久滞在許可証を手に入れるとの手紙が来た．そしてしびれを切らしたインテルは，直接ノイスからリコーの技術担当役員であった故山本氏に電話を掛け，私の渡米を依頼した．「名指しで技術者を採るとは何だ！」と怒られたが，山本氏はマイクロプロセッサとか半導体の将来を考えて4年間の休職を与えてくれた．

7月に結婚したばかりの妻にさっそく話をしたところ，「結婚を決めたときに，この人は何か大きなことをする予感がした」と思っていたそうで，4年間なら黙ってついていくと快諾してくれた．私も英会話が苦手であったが，妻は私以上に英会話が苦手で，清水寺の舞台から飛び降りたつもりで決心したらしい．2人とも経済観念が薄かったせいか，渡米前にはほとんど私の手持ちの金を使ってしまい，航空券とともにインテルから500ドル送金してもらった．

再びインテルへ

この頃はすでにジャンボ機ボーイング747が就航していて，大きな空間に広い座席が設けられていて，空の旅は快適であった．ハワイで1泊し，サンフランシスコ国際空港に到着したのは1972年11月7日である．空港にはファジンの部下で電卓用カストムLSIを開発していたヤング・フェングが迎えに来てくれた．彼は台湾出身の中国人で，台湾の高校を卒業した後アメリカの大学に入学して学位を取った人で，たいへん真面目で，仕事に情熱をもって取り組む技術者であった．彼はLSIの開発や設計に熱心だっただけでなく，ビジネスそのものにもかなり興味を持っていた．同時に彼は熱心なクリスチャンで，教会の仕事にも情熱を持って取り組んでいた．目的とする分野が違っていたのでライバルではなかったが，彼の存在がいろいろの分野で私の目を開かせ，成長させるきっかけを作ってくれた．

会社が用意してくれたアパートは，会社から3マイルほど離れた同じサンタクララ市にあり，エル・カミノ・リアル通りとロウレンス・エクスプレス通りの交差点の近くだった．食料品を主に取り扱っているアルファ・ベータや，衣料品などを取り扱っているKマートなどのスーパーマーケットが目と鼻の先にあり，生活しやすい環境だった．1969年と1970年に渡米したときと同様，今度のアパートもアダルト専門で子供はまったくいず，ごみ1つ落ちていない．プールもあって日曜日によく泳いだものである．部屋は家具付の1LDKで，14畳ほどの広いリビング・ルームが解放感を与えてくれた．日常に使う寝具，食器，調理器具など細々したものをすべてノイスの秘書のジーン・ジョーンズが用意してくれていた．アメリカに到着したときはインテルから前借りした500ドルしかなく，車も買えず，会社の保証でウェルス・ファーゴ銀行からお金を借りて，頭金もなしに中古の1965年型のブュイックのリビエラを買った．この車は鉄そのものでできていたせいか，非常に丈夫で，妻が妊娠しているときに慌てて病院に駆けつけ，誤ってコンクリートの壁にぶつけてしまったとき，自動車はかすり傷でコンクリートの壁のほうが崩れてしまったほどである．

インテル社に入社したのは翌日の11月8日である．すべてが新しかった．サンタクララ市のセントラル・エクスプレスとバワーズ通りの交差点に建てられた本社は，できてまだ半年も経っていなかった．1階の中央にウェーハ工場(ファブ)があり，その周りにプロセス関係の技術者のオフィスやマーケティング関係のオフィスがあった．2階は設計部門や，信頼性やプロセス開発部門のオフィスとして使われていた．

インテルのイメージは昔とかなり変わり，いわゆる会社らしくなっていた．また，教育にも力を入れており(後にインテル・ユニバーシティと名付けられ，諸々の技術，マネージメントなどのコースがある)，LSI設計用にDEC-10コンピュータが設置されていた．もっとも，その端末機は各エンジニアのオフィスにはまだ設置されておらず，コンピュータ・ルームの脇にあるターミナル・ルームに行って使わなければならなかった．当時のユーザーといえば4キロビットのDRAMメモリ設計者，カストムLSI設計者と私だけであった．したがって，回路のシミュレーションをしても，あっという間に結果が出てきて感激したものである．

昔インテルで働いていたということで，何の教育もガイダンスもなく，いきなりプロジェクト・グループに入り，仕事を開始した．私のマネジャーはファジンであり，グループの名前はスモール・マシン・グループであった．このグループには，当初5人ほどの技術者がいて，カストムLSIの設計を担当していた．インテルが初めて開発に成功したPROMの技術を使用した自動販売機用LSI，ランダム論理方式による電卓用LSI，立石電機向け端末用LSIなどがあった．8008を直接開発した技術者は，量産開始のため生産技術部門に出向していた．

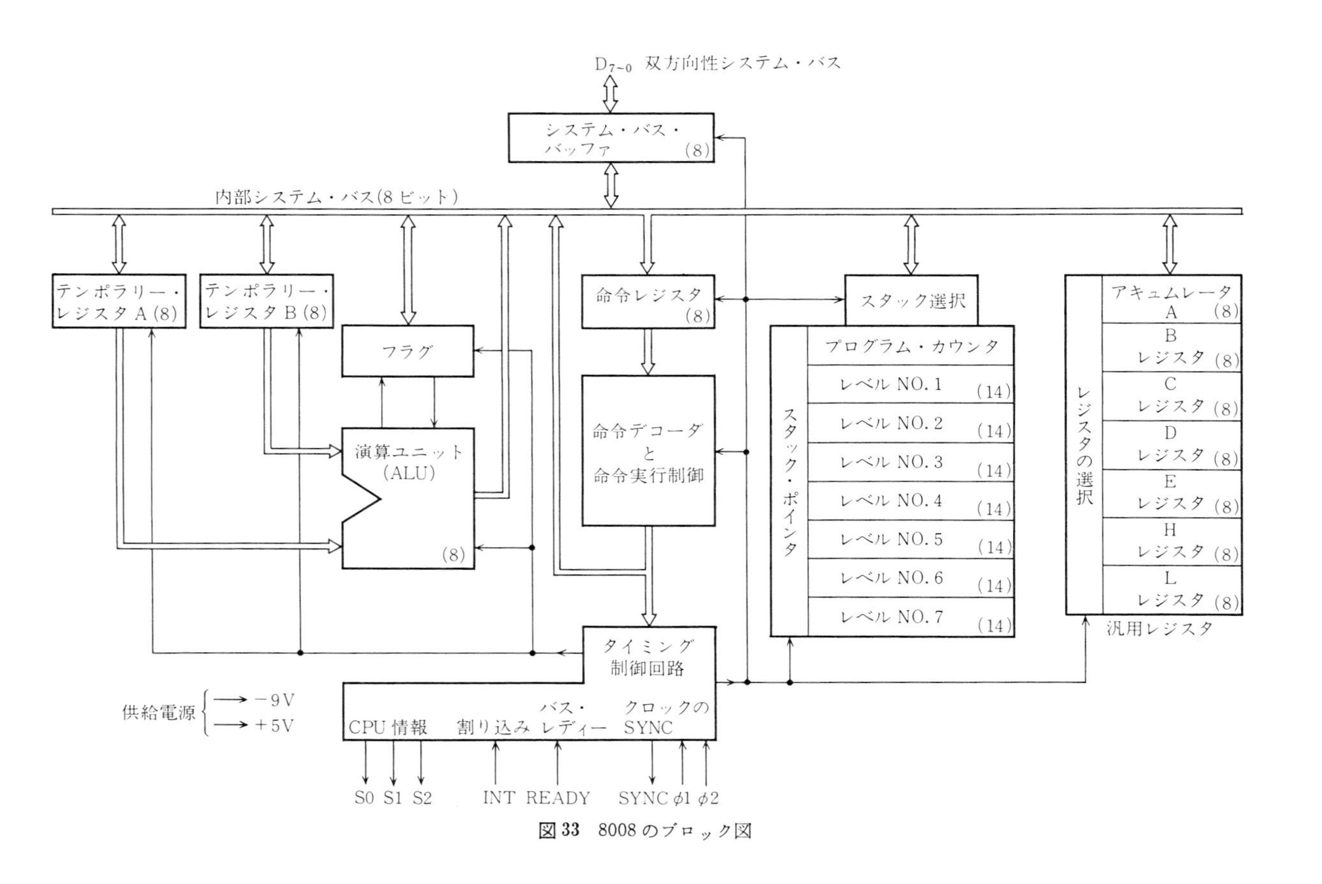

図33　8008のブロック図

図 34　8008 のチップ．パターンは 4004 と類似している．4004 の経験に基づいて設計されているので，4004 よりもパターン設計はきれいに仕上がっている．

この当時はまだ，インテル社では第2世代マイクロプロセッサによる事業の拡大に本腰を入れていなかったようである．これはマイクロプロセッサ事業の発展を過小評価していたのではなく，むしろ投資の原資とその効率を考えてのことと思われる．過去15年を振り返ってみると，投資の効率を追いすぎてか儲かる商売を随分と捨ててしまったようである．

インテルにおけるマイクロコンピュータ事業の歴史を振り返ってみると，その発展と拡大を2期に分けることができる．第1期は，1972年末から8080が完成し，発表された1974年2月までである．CPUと，それをシステムのなかで使用するために最低必要な周辺チップ(クロック，バス・インタフェース，8ビット入出力ポート)などと，基本ソフトウェア(アセンブラ)の開発を行なった時期に当たる．第2期は，8080のビジネスとしての成功を確信した1974年2月から1975年中頃までの期間である．この間に，インテル社は基本的なファミリー・チップ(割り込み制御，DMA，タイマー，汎用パラレルI/O，シリアル通信，出力が8ビット構成のROM，4ビット構成のRAM)の開発を精力的に推進した．この時期の最後に，ディスク・オペレーティング・システムを採用した第2世代のマイクロプロセッサ用開発支援システムMDS-800が発表された．一方，ユーザーによるシステムの開発を助けるために，ソフトウェアもアセンブラだけでなくPL/Mなどの高級言語を開発し，デバッグ用ICE-80，いくつかのマスターになるマイクロプロセッサを設置できるような汎用システム・バスであるMULTIBUS(マルチ・バス)を開発，製造，販売していた．

4 最大のヒット商品8080の開発へ

8ビット・マイクロプロセッサ8080の開発は，私がインテルに入社して1週間以内に始まった．私としては自分の英語がいくらか皆にわかるようになってからと予定していたのだが，8080の関係者はファジン，ホフ，メイザー，フィーニなどの昔の仲間だけであり，「お前の英語は昔よりいくらか良くなった」との一言で仕事を始めざるをえなかった.

8080の開発思想，すなわち8008に続く第2世代マイクロプロセッサにおけるアーキテクチャの提案は，ファジン，ホフ，フィーニ，それに私の4人が行なった．この4人のなかには，汎用コンピュータを知っている者はいても，専門のアーキテクト技術者はいなかった．当時のインテルのシステム事業部は誕生したばかりで，ユーザーに供給しているソフトウェアもアセンブラしかなく，その開発支援システムも，現在のようなICE(In Circuit Emulator)などのデバッグ用機器はユーザーには供給されていなくて，すべてにおいて幼稚なものであった．つまり，専門のコンピュータ技術者は第2世代マイクロプロセッサの開発には参加していなかったのである.

インテルにはすでに，8008という宝石に例えれば素晴らしい原石があり，我々4人はいかにこの原石をカットし，磨き上げるかに開発の焦点を合わせることに同意した．8008で採用されたシングル・アキュムレータでマルチ・レジスタという方式は，命令コードを多く使い，命令の種類やアドレス指定方式にそのしわ寄せが集中したりするが，アプリケーション・ソフトウェアを組む際には，データの移し替えがあまりないので決して使いにくいアーキテクチャではなく，便利なことも非常に多かった．したがって8008の基本アーキテクチャは，必ずしも他の方式と比較して劣っておらず，ユーザーに受け入れられる素地があったと確信された．しかしながら，8008では，18ピン・パッケージに許される最大消費電力とチップ・サイズの関係上，かなりの命令やシステムを組む上での重要な機能を落してしまったため，使いにくい点，システムに採用しにくい点などがありすぎたのである.

それらには計算を含めた処理速度のあまりの遅さ，14ビット・アドレスによるメモリ空間の狭さ(16キロバイトのメモリ)，アドレス計算のための16ビット演算機能の欠如，アドレス指定方式を含む命令セットの貧弱さ，多重割り込み機能の欠如，DMA機能の欠如などがある．さらにRAM, ROM, I/Oチップのファミリー化を怠ったことに起因する外界とのインタフェースの複雑さ(当時20個から30個の低消費電力用TTLを必要とした)があった．これらの欠陥によって第1世代のマイクロプロセッサ8008は，ユーザーのシステムのなかで部分的にしか応用されず，広範囲かつ大量には使用されなかったのである．

8080のアーキテクチャが現在の仕様に決まった背景の1つに，半導体メモリの発展がある．1972年当時，各社とも4キロビットのDRAMの開発に着手したものの，マイクロプロセッサに経済的に使用できるメモリは1キロビット・スタティックRAM，2キロビットPROM，1キロバイトROMなどであった．RAM, PROMは非常に高価で，マイクロプロセッサの応用は，プログラムを変更する必要のないROMをベースに使用するシングル・タスクのアプリケーションに限られていた．したがって，典型的なアプリケーションはインテリジェント端末機器，高級キャッシュ・レジスタやプリンターなどの制御に限定されそうだった．EDP(Electronic Data Processing)への応用は，4キロビットDRAMやフロッピー・ディスクなどの大容量記憶素子や装置が普及して初めて実現されると予想された．

新型NMOSプロセスの登場

8080の開発経緯を述べるまえに，この第2世代のマイクロプロセッサを実現させた基本条件になっているLSIのプロセス技術に触れてみる．

マイクロプロセッサの開発には，論理設計とMOS回路技術における制限，条件が常につきまとう．設計者はすべてを考慮して，最も優れた1つの解決を見出さなければならない．考えなければならない点として，

- 使用可能なMOSプロセスの種類と製造技術
- パッケージの種類からくる最大消費電力
- TTL回路との互換性
- 実行速度
- チップ・サイズと盛り込む命令/機能

などがあった.

第1世代マイクロプロセッサはパッケージ(18ピン)とPMOSプロセスから起因した最大消費電力の制限のため，命令数を豊富にしようとすると回路が増えるので，消費電力を減らすために機能そのもののほかに実行速度やTTL回路との互換性を犠牲にしなければならなかったりした.

第1世代マイクロプロセッサに大きな制限を与えたプロセス技術は，1972年に入るとPMOSからNMOSへと変わった．NMOSの飛び抜けて良い素子特性が第2世代をもたらすことができたといっても過言ではない.

NMOSにおける電子とPMOSにおけるホールの移動度の違いだけなら，マイクロプロセッサの速度は2.4倍ほど高速化するに留まる．しかし，nチャネルの低しきい値電圧のおかげで，内部の論理回路に，+5ボルトと −9ボルトの代わりに +5ボルトとGNDの電圧が使用可能となり，内部の信号のスウィング(振幅)が5ボルト以内となって高速化に寄与した．また，この低電圧と高濃度にドープしたウェーハの使用によって，ゲートのチャネル長をpチャネルに比べ一段と短くすることができた．実際に，チャネル長はマスク上で9ミクロンが5ミクロンとなった．また，低電圧の採用によって，拡散層間の距離も縮められることから，チップ・サイズの減少に効果があったばかりでなく，信号の負荷容量の減少に効果があり，より高速化が期待された．一般的にチップ・サイズは，ある部分についてみれば，一方向のサイズがメタルの幅やピッチなどの仕様によって決まり，それと直角方向のサイズは多結晶シリコン，拡散，ゲート長，メタルとのコンタクトなどの仕様によって決定される.

さて，実際に回路設計を進めていくと，配線の問題が生じてくる．配線の材料としては導電性の点でメタルが最適なのだが，メタルが使えない場合など，多結晶シリコンや拡散層を使用する．それらの比抵抗，容量も，NMOSはPMOSと比較してかなり改善されている.

以上を総合すると，NMOSはPMOSと比較して，速度の点で約4倍ほどの改善が期待された.

8008では低消費電力化のため，速度を犠牲にしてでも，内部の論理回路を極端に簡単化している．例えば，内部の汎用レジスタやプログラム・スタックにダイナミックRAMを使用しており，そのためにそれらの内部メモリを常にリフレッシュしたりしなければならず，またプログラム・アドレス・カウンタの更新に独自のインクリメンタなどの個別の回路を持たずに，命令の演算用の主演算ユニットを利用したりしていた．これらのため，2クロックを使用して1ステートとし，最初のクロックでDRAMの読み出しをし，2番目のクロックで書き込みをし，その間の時間に諸々の演算を実行した．もし内部のメモリにスタティックRAMを使用し，少し贅沢に論理を組めば，1クロックで1ステートは容易に実現できると思われた．

以上のすべてを総合すると，新世代のプロセスNMOSを使用することによって，8008の少なくとも6倍のパフォーマンスが容易に実現できると期待できるようになった．このことにより，一時は8008のマスクを使用して高速化を計ろうとした提案は，あっさりと皆の頭から消え去った．

最後にチップ・サイズが検討された．4004と8008に使用されたトランジスタ数とチップ・サイズは表7のようになっている．第2世代のマイクロプロセッサの論理の量は，8008よりさらに60〜70%ほど増加しそうな予想が立てられた．一方，その実装密度はPMOSと比較して30%ほど高くなりそうだった．最終的に，予想されたチップ面積は17.5 mm^{2}であり，実際の面積と比較して10%ほど小さかった．

表7 4004と8008のチップ・サイズ

製品名	トランジスタ数	面積
4004	2200	12.0 mm^2
8008	3100	13.9

6 8080の目標と設計ゴール

第2世代のマイクロプロセッサは，さらに多くの応用分野に適用させるため，8008というポテンシャルのあるアーキテクチャを改良して，豊富な命令セットと機能を充実させ，かつ高性能化させることに決められた．製品名は8008の次の製品ということで8080と名付けられた．

4004の開発思想は，10進演算の計算と，小規模集積回路を使用して製作していた低速な回路網をソフトウェアで置き換えることにあった．これに対して8008の開発思想は，インテリジェント端末内のキャラクタ(文字)の操作を容易に実行することにあった．一方，8080における開発思想は，それらの機能を高速化することと，EDPにも使えるように，さらにコンピュータらしくすることにあった．すなわち，8008とのソフトウェア互換性を採用することが決まったのである．この後インテルは新世代のマイクロプロセッサを開発するに当たり，常にソフトウェアの互換性を採用するようになった．それは，諸々の利益をユーザーだけではなくマイクロプロセッサの設計者にももたらした．それらの利点には，

- 応用ソフトウェアがそのまま使える
- 命令の意味や定義が決まっている
- 経験済みの論理式が使える
- 開発済みのテスト・プログラムが使える
- ソフトウェア開発支援機器が簡単な変更で使える

などがある．特に，命令体系が同一なので，プログラムの経験をほぼそのまま使うことが可能である．このため，インテル社では私が書いた仕様書ができ上がると，主要なユーザーに配ってしまった．このため8080へのユーザーからの期待が大きくなると同時に，日本の半導体会社にコピーされるきっかけを作ってしまった．これはとても悲しい出来事であった．

実際には，4004や8008の使用の検討や開発を通して，皆の頭のなかに，どんなマイクロプロセッサを開発したらよいかが，すでにはっきりした形になりつつあった．したがって，4004や8008に抱いていた不満が物凄いエネルギーをもって一気に爆発したような感じであった．そこには，いちいち紙に書いたり書類にしたりしてコミュニケーションを取る必要はなかった．単に，各人の持っている希望や不満が述べられれば，それが仕様そのものとなった．

8080の仕様を決定するためのミーティングは，11月に1週間に数回の割合で頻繁に開かれ，非常に密度の濃い討論会となった．自分の考えをまとめようと考えているとミーティングが終わってしまったり，発言を催促されたり，あるいはまったく無視されたりした．ひどいときには，部屋に帰れと言われたこともある．泣きたいどころの話ではなかった．自分で選んだ道であったし，辛くはなかったが，こんなに猛烈なところとは思ってもいなかった．それだけ皆が8080を開発したがっていて，私を6か月も待っていたことがひしひしと感じられた．そうは思っても，アメリカに着いてわずか1,2週でそのようなミーティングに参加することは，非常に大変なことであった．だが，このミーティングを通してアメリカでの仕事のやり方(ミーティング中に考え，自分の意見を述べる)に慣れたことは，私の大きな財産の1つとなった．

第1世代マイクロプロセッサのどのような点を改良すればよいか，重要なファクタ順に記してみると，

- 速度
- アドレス指定方式
- アドレス容量(メモリ，I/O)
- 命令
- 多重割り込み機能
- システム・インタフェース

などがある．

まず，命令セットやアーキテクチャに関連する機能の詳細を検討することに

なった．

最初に検討されたのは，アドレス空間の大きさであった．メモリは8008の16キロバイトでは小さすぎるので，2バイト分の16ビットで表現できる最大の容量の64キロバイトと決まった．この16ビットのアドレスをサポートするため，各種の16ビットの演算を含む命令セットを考えた．ただし，アドレス計算をサポートするためだけの命令に限定し，例えば，加算命令はあっても減算命令はなかった．また，入出力機器を制御するときのI/Oポートを指定するためのアドレスは，メモリ・アドレス(メモリ・マップド・アドレス)を使わずに，8008と同じく特別のI/Oアドレスを採用した．ただし，アドレスの容量は大きくとり，256ポートまで指定できるようにした．これは，当時考えられたアプリケーションがほとんど固定されたシステムであったため，入出力用のアドレスも固定アドレスで事足りたからである．

次に検討されたのは，プログラム・カウンタ用のアドレス・メモリ・スタックである．8008のやり方であれば，8段のスタックしか使えず，割り込みやプログラムのサブルーチンのネスティングの段数に限界があった．したがって，多重割り込みを可能にさせる限界のないメモリ・スタックを実現するために，スタックそのものは外部のメモリを使い，16ビットのスタック・ポインタだけをマイクロプロセッサ内に設けた．この方法によると，サブルーチン用のアドレスを格納するだけでなく，タスクを渡すときにデータの渡しにも使用できるようになり，プログラム・カウンタ以外の情報も，命令によってスタック・ポインタで指定された外部メモリにラスト・イン/ファースト・アウト(last in/first out)の形で退避させたり，復帰させたりできるようになった．

命令セットは制限がなくて豊富であればよいのだが，すでに8008で基本的な命令セットもコードも決まっていたため，必要にして十分な程度の改良に留めた．それらは10進演算用命令，先に述べた豊富なアドレス計算のための16ビット・データに関する命令であり，アドレス指定方式ではレジスタ間接アドレス指定方式が新たに採用されたりして，8008の48種類の命令のほかに新たに26種類の命令が加えられた.

皮肉にも，この時期には40ピン・パッケージが電卓用LSIに広く使われ始めた．そして許容最大消費電力の増加とシステムとしてのインタフェースの容易さのため，40ピン・パッケージの採用が決まった.

最後に，システムの構築を容易にするために種々の改良を行なった．それらには，次のようなものがある.

(1) アドレス・バスとデータ・バスの切り離し．独立した16ビットのアドレス・バスと8ビットの双方向性データ・バスを設けたため，外部にアドレス情報を保つアドレス・レジスタを用意する必要がなくなった.

(2) 2種類の割り込み入力を設置．1つをマスカブル，他方をノン・マスカブルにし，また8段のプログラム・カウンタを含むアドレス・スタックを外部メモリに設け，内部にはプログラム・カウンタとスタック・ポインタだけを設けて，多重割り込み処理を可能にしたこと.

(3) DMA機能の設置．メモリとメモリ，メモリとI/O間における高速のデータ転送を実現させるために，CPUを外部からの信号で強制的に，命令の終了時ではなく各マシン・サイクル(メモリ・サイクル)の終わりに止める機能．この機能によって，必要とする時間だけ一時的にCPUを止め，メモリ間でファイルを高速転送することが可能になったのみならず，メモリとCRT，ディスク，通信機器間のファイルの高速転送も可能になった.

(4) システム・バス制御信号の簡単化．4004では，1本の制御信号を時分割して複数の意味を持たせ，それぞれのROM, RAMチップで解読し，使用していた．8008では，エンコード(グループ化)された制御信号が送り出され，外部でデコード(解読)する必要があり，かなりのTTLが必要とされた．8080では，デコードされた制御信号が，アドレスが送り出される最初の時間帯に，双方向性データ・バスを通して外部にステータス情報として送り出されたり，独立した出力ピンを通してさらに使いやすくタイミングを加えて送り出したりしている．18ピン・パッケージを使用した8008

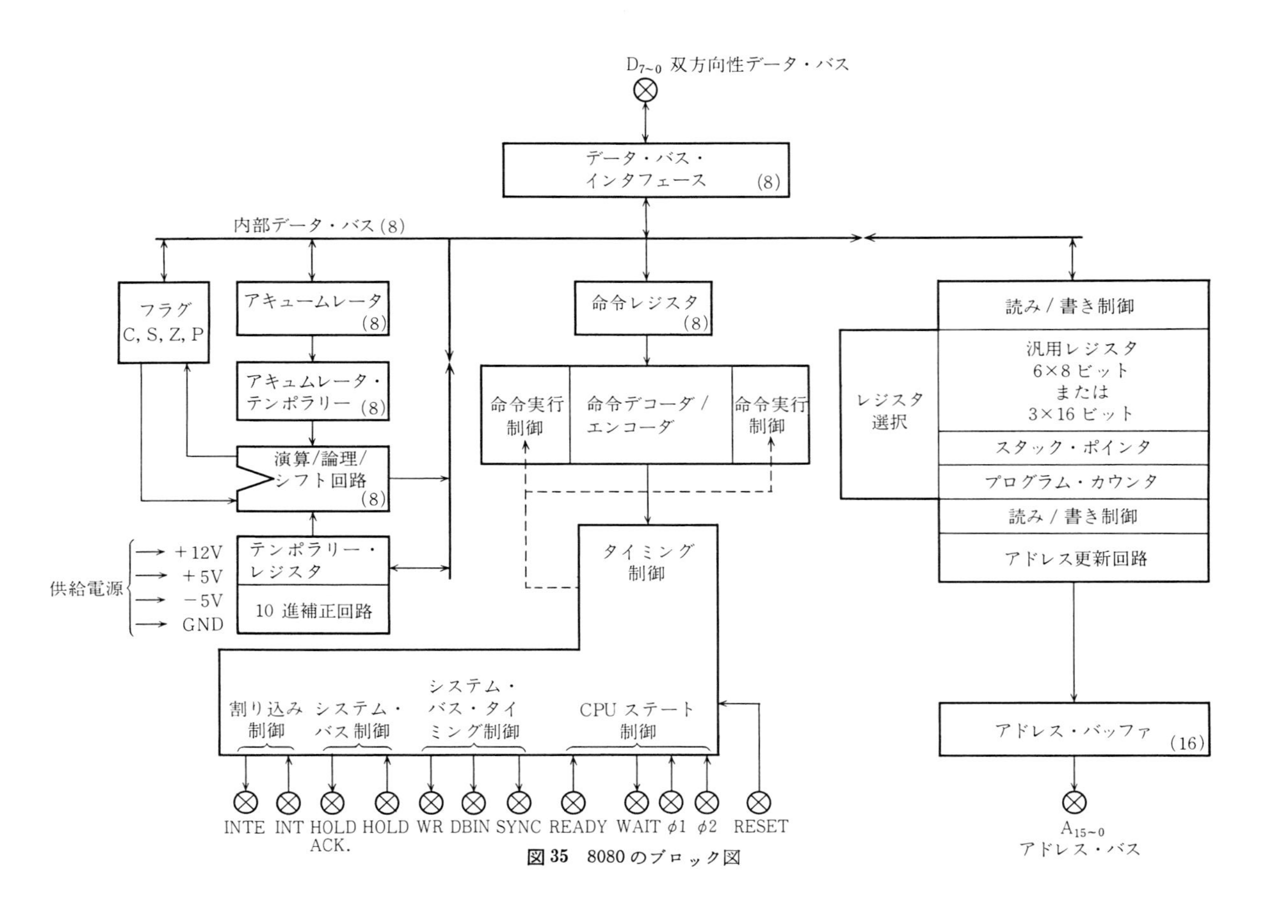

図 35 8080 のブロック図

と比較してはるかに使いやすくはなっているが，40ピン・パッケージから来る制限がまだだいぶ残った．

システム・インタフェースの仕様が決まった段階で8008と比較してみると，システムを構成するために，8008では20個から30個のTTLが必要とされたが，8080では6個のICで構成されることがわかった．

最後に速度について討論が始まった．前述のように新型のNMOSプロセスは，速度と実装密度の両方においてかなり優秀な特性を示しており，高速マイクロプロセッサが期待された．ところで，複雑な論理/回路には幾多の速度的にきわどい遅延回路があり，それが最高速度を上げるときのボトル・ネックとなっている．チップ・サイズを増加し，高速用バスと低速用バスの2種類を用意すれば，このような問題がいくらかでも解決可能だが，この時期には半導体製造工程が今ほど改善されておらず，チップ・サイズの減少がより大きな切実な課題であった．

このため，最高動作周波数を8008の2倍の2MHzに設定し，従来2クロックを使って形成していた命令実行の基本タイミングであるステート・タイミングを1クロックに変更して，まず全体で4倍の速度を確保することに決まった．ここで，何の疑問も持たず，何の検討もされず，「互いに重ならない2相のクロック」を使用することが決定された．その後ザイログ社でのZ80マイクロプロセッサの開発に当たって検討した結果，1相のクロックでも問題が生じないことがわかった．一般には，回路設計の容易さから2相クロックの採用が主流を占めている．

第1世代マイクロプロセッサでは1マシン・サイクルを5ステートに固定して，各命令はそのマシン・サイクルの整数倍で作られていたものを，各命令ごとにそのステート数を最小にすることで，さらに25%ほど処理速度を向上させ，合計で5倍から6倍くらい処理速度の向上を期待した．もっとも，それを実現させるためにどのようなハードウェア・アーキテクチャが望ましいかは私の課題となり，後はすべてが私の能力と努力の問題となった．

このように開発方針が決まり，ただちに私が仕様書を書き上げた．この間わずか2か月足らずである．新世代のアーキテクチャなどを検討する時間はまったくと言っていいほどなかった．8008についての不満が爆発したような形で8080の機能が決まったのである．

この時期，私にはまだLSIの設計についての経験が4004以外にまったくなかったので，どの程度の仕事の量があるのかわかっていない．1人でプロジェクトをマネージをすることがどんなに難しいかも考えず，どちらかといえば楽天的に8080のプロジェクトを考えていた．まだまだユーザー側にいたようである．

12月の中旬になるとファジンがやってきて，「さあ，1月2日からマスク設計を開始できるように2人のマスク・デザイナーを雇ったよ」といってきた．ビックリした．いやビックリ以上にオロオロしてしまった．もうユーザーの立場にいるわけにもいかなかった．戦争が始まったのである．それからマスク設計が終わるまでの8か月は，一瞬の気の緩みも休みも許されない戦争のような緊張感の下で，非常に忙しく8080の設計が続いた．

7 8か月で設計完了

この当時のインテル社のマスク・パターン設計(レイアウト)の質はあまり高くなく，しかも手書きのため時間もかかった．当時は，回路設計がレイアウトに1か月から2か月ほど先行していれば大丈夫ということで，1月からレイアウトを開始すべく，とりあえずプログラム・カウンタやスタック・ポインタを含むレジスタ・ファイル・ユニットと，それに接続されるであろうアドレス更新用のインクリメンタ/デクリメンタ回路の設計を開始した．何とか回路の設計が終わって，1月からレイアウトが開始できる手筈が整った．これで約1か月分のレイアウトのストックができ上がったわけである．この頃から常に1か月分のストックを保つように心掛けた．私は8080内部のハードウェア・アーキテクチャの検討に取り掛ると同時に，論理設計，回路設計のガイドブックと回路設計そのものを開始した．

8080の内部の論理や回路を設計するに当たって最も重要なことは，チップ・サイズを適切な大きさに保ちつつ，いかにして高速性能を出すかであった．まず，8008と異なり，レジスタ・ファイルにはリフレッシュの要らないスタティック・メモリを使用し，アドレス更新のため専用の16ビットのインクリメンタ/デクリメンタを設けた．

8080は大きく分けて次のような6つのブロックによって構成されている．

(1) レジスタ・ファイル・ユニット．6個の汎用レジスタ，スタック・ポインタ，プログラム・カウンタを同一RAMメモリ・アレイ上に設けた．

(2) アドレス・ユニット．16ビットのアドレス・ラッチが設けられ，外部にアドレスをラッチする回路は必要としない．そのアドレス・ラッチの出力はインクリメンタ/デクリメンタ回路に接続されており，プログラム・カウンタ，スタック・ポインタ，16ビットのアドレスに使うレジスタのアドレス更新に使用する．

(3) データ・バス・ユニット．外部のメモリやペリフェラル・チップとのデータ転送に使われるだけでなく，CPUのステータス情報をメモリ・サイクルの初めに送り出すことができる．

(4) 命令ユニット．この命令ユニットには命令レジスタ，解読器(デコーダ)，命令のグループ化の回路(エンコーダ)，命令実行回路がある．8080の命令の種類はそれほど多くはなく，8008をベースに考えると，ランダム論理方式でも簡単に論理を組み上げられることが予想された．制御を簡単化するために，命令解読器のあとに命令のグループ化の回路を多用することにした．したがって，そのグループ化は決してやさしくはなかったが，でき上がってみると，その後の論理設計は意外と簡単であった．このユニットの設計は難しかったが，次の演算ユニットの設計と同じく，技術者の個性，能力，経験，インスピレーション，努力，好き嫌い，と，ありとあらゆる言葉が使えるような分野で，CPU 設計技術者の最もエキサイトする仕事である．今でも，これだけは他人には任せず，自分でこっそりと個室で，土曜日も日曜日もなく，設計してみたいユニットである．

(5) 演算ユニット．このユニットには10進演算用の補正回路が設けられている．一時は 8008 と同じく全体の回路をみて同時に判断するようなキャリー・ルック・アヘッド回路を使用しようとしたが，後述のように，拡散層(ディフュージョン)のキャパシタンス(容量)は PMOS と比べてはるかに小さかったがそれでも予想以上に大きく，抵抗と容量からくるタイム・コンスタンス(時定数)が大きくなりすぎて，1 ビット，1 ビットずつキャリーを次のビットに送るリップル・キャリー回路のほうが速いというような結果が出てしまった．これは，キャリー・ルック・アヘッド(先取り機能)回路に使用するプリチャージ回路には +12 ボルトの電源を使い，リップル・キャリー(順送り機能)回路には +5 ボルトの電源を使うというように，信号の振幅が小さいところで，しかも論理回路的に使ったためである．すなわち，NMOS の +5 ボルト電源を使用すると，信号のスイッチング・レベルがかなり低いところにあることがより鮮明に出てきた．これは理屈ではわかっていても，自分が経験したプロセスとあまりに違うと精神的に落ち着かなくなることの具体的な例である．これを機会に，新型プロセスが開発されるたびに，速度，密度，特殊回路などについての比較表を作ることが習慣の 1 つとなってしまった．

(6) タイミング/システム・バス制御ユニット．8008 が広く大量に使われなかったのは，貧弱な，そして使いにくいシステム・バスに起因するところが非常に大きかった．したがって，8080 では柔軟性があって，しかも使いやすいシステム・バスをユーザーに提供することが大きな課題となった．まず最初に検討し，採用されたのが「標準 8 ビット・マイクロコンピュータ・システム・バス」である．4004 と同じく，「LSI によるシステムの構築」の概念が復活したのである．将来のメモリ LSI やペリフェラル LSI

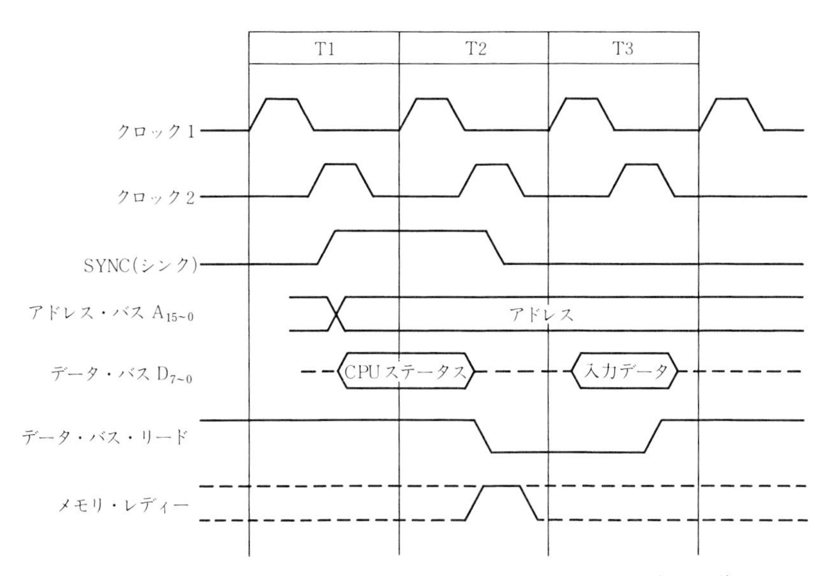

図36 8080 CPUのシステム・バス・タイミング(メモリ読み出しサイクル). 第2世代のマイクロプロセッサになってはじめて汎用の標準システム・バスの概念が導入された. このシステム・バスの仕様に合わせてペリフェラルLSIが設計されるようになった. もろもろのメモリ・カードや応用分野向け入出力カードが各社で開発された.

を考えて標準バスの仕様を作成した. それによると, メモリ・サイクルは3クロックとし, アドレスは常時出力されており, メモリ・サイクルの初めにCPU内のステータス情報をデータ・バスを使用して外部に送り出している. 次に, 実際のシステムを考えておのおのの出力ピンの電気的仕様を決定した. これを決定するに当たり, 大きな問題が浮かび上がってきた. 今まで, TTL業界とマイクロプロセッサ業界とは, お互いに業務上で密接な関連がなかったため, システム・バスに使用する高速の双方向性バス・ドライバなどは皆無であったし, その予定もなかった. したがって, 将来あるべき姿を考えると同時に, 今ある部品でシステムを構築することにした. また, システムを構築する際に必要で, 他社に依存できそうもないバス・インタフェース用部品については, 自社のショットキ・トランジスタを使用してMSI回路を開発することになった．それらには，8ビットのデータをラッチしたりドライブしたりするものや，双方向性バス・ドライバがあった．これにはホフが協力してくれて，非常に開発が速く完了した．

8080の内部のアーキテクチャや論理の組み方がほぼ決まり，詳細な設計を開始することになった．ここでまたまた困ったことが生じた．それは回路設計であった．私には半導体製品の論理設計の経験はあっても，回路設計の経験は皆無である．いまさら物性学やトランジスタ単体そのものの勉強を始めても，とても間に合いそうもなかったし，それまで何冊かのIC回路設計の本を読んだのだが，回路設計そのもののガイドラインになるような本はほとんどなかった．4004をファジンが設計したときに簡単な回路設計のガイドブックを作ったのを思い出し，半導体技術者ばかりでなくシステム技術者や論理設計者にも使える回路設計ハンドブックを作成した．

後で気付いたことだが，回路設計ハンドブックの作成は新人教育に非常に有効である．というのは，回路設計ハンドブックを作成するには，まず使用するプロセスのパラメータを回路シミュレータに乗せなければならず，プロセスについてかなり詳しく理解していなければならない．次に，回路設計をどのようにするかについての基本的な方針を計画し，決定する．さらに，基本的な方針にのっとり，具体的な回路設計ガイドブックを作成する．また，レイアウト・プランと実際のものとがどの程度違っているか，各回路設計者の経験の多少による間違いなどを考慮に入れ，設計マージンを決めなければならない．このような過程を通して，未経験者は1人前の回路設計者になれるのである．

このためインテルに1972年に入ってまもなく設置されたばかりの大型のDEC-10コンピュータを使用し，終日計算機室に籠り，回路設計ハンドブックの作成のため基本回路のデータ収集を行なった．次にこのデータに基づいて，遅延時間の計算が簡単に算出できる計算式を作った．レイアウトが始まったばかりで，計算機室からマスク・デザイナーに指示を与えていた時期が1か月ほどあったので，不思議な変わったLSI設計者だと思われたこともある．

4004でLSIの論理設計とレイアウトのチェックの経験を積んだものの，回路設計とレイアウトは初めての経験である．ここが難しいところで，いかにも自分は経験者であると振る舞うことが非常に重要であった．特にマスク設計者にはそのようにしないと完全に無視されるケースをときどき見たものである．8080では自分自身が命令の定義，論理/回路設計，レイアウトのアイデアの提出を担当しており，このプロジェクトにあと2人のマスク・デザイナーしかいなかった．この時期は，資金の効率を考えると，インテル社もまだまだマイクロコンピュータ事業に余裕の資金はなかったようである．しかもそのうちの1人は基本的レイアウトの訓練をマスク・デザイン専門学校で受けただけで，何の実際の経験もなかった．

論理設計にも回路設計にも私以外には誰も期待できなかったので，特に回路設計とレイアウトを1回で設計する必要が生じた．まず，チップ全体のレイアウト・プランを計画した後，個々のブロックのレイアウト・プランの計画を案出し，この計画に基づいて回路設計を行なった．このようにして詳細なレイアウト・プランと最終的なトランジスタ・サイズをマスク・デザイナーに渡して，レイアウトを実行した．そして回路設計者が回路設計の各設計値に約15%から20%のマージン(余裕)を与えて，でき上がったレイアウトと自分が予想したレイアウト・プランとを比較して，極端に異なった場合だけレイアウトまたは回路設計の変更をすれば済むようにした．このやり方は，本当の設計が何たるかを本当に理解できなかったり，実際に経験していない人にはなかなか難しく，誰にでもできる方法ではない．いつの日か，このノウ・ハウがデータベースとして蓄えられ，コンピュータを通してCADで使うことができれば，設計の問題は容易に解消されるであろう．

このように書くと，いかにも順序正しく整然と8080が開発されたように見えるが，実際にはなかなか思うようにはいかず，ずいぶんマスク・デザイナーと喧嘩したものである．レイアウトに習熟してくると，各マスク・デザイナーが異なった技術的弱みを持っていることがはっきりしてきた．あるデザイナーはチップのコーナーにさしかかると，かなり詳細なレイアウト・プランを示さないと何日経っても仕事が進んでいなかったし，またあるデザイナーは急がせると詳細なプランを省略して配線の間違いを引き起こしたり，またあるデザイナーは必ず特定のレイアウトのプロセスから来るデザイン・ルールで間違いを繰り返してしまったりする．各マスク・デザイナーの欠点がわかり，失敗へ近づく前に彼らのやり方をそれとなく聞くことによって大きな失敗を未然に防ぐことができた．もっとも，自分の欠点だけは，解析はできても失敗のまえに未

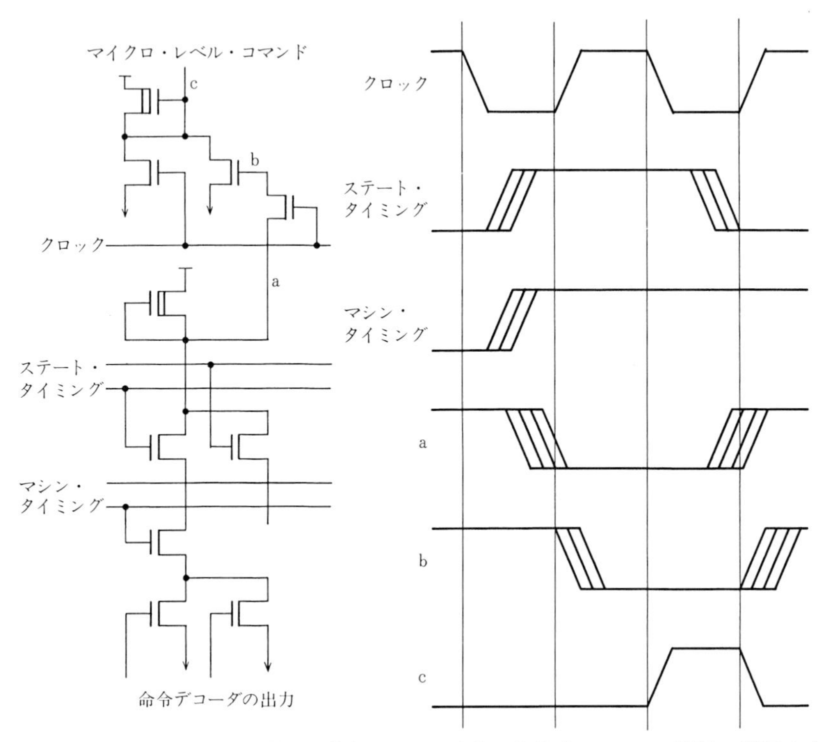

図 37　命令デコーダの出力とCPU内のタイミング信号のANDをとる部分の回路図と，タイミング・チャート．制御部をランダム論理方式で設計しているが，そのレイアウト(パターン設計)はあまり複雑でない．

然に防ぐことはとうとう今もってできていなくて，歯がゆい思いをしている．

LSI設計とは，一口で言えば，1つ1つのトランジスタ素子とか配線に自分の考えを反映させ，そしてその1つ1つを自分の子供のように面倒を見ることである．したがって，自分の知らないものがあれば，当然の結果として失敗してしまう．

8080はランダム論理方式で構築されているが，主制御部はある規則に従ってレイアウトするような工夫を開発した．その規則を守ることによって一方のチップ・サイズが決まるようになっていた．例えば論理式が100あって，全論理式が予定された通りにレイアウトされれば何も問題がないのだが，もし各論理式の部分で2 μm(0.002 mm)余分に使うと，合計で0.2 mm，チップ・サイズに換算すれば片側で約5% の増加となる．こういうちょっとした注意がチップ・サイズに大きく影響を与えることになり，少しも気を緩めることができなかったのが，1970年代のLSIの開発であった．

8080の開発を開始して，土曜日はほとんど休まずに出勤した．土曜日にはどのような服装で出勤しても文句を言われないので，普段着のジーパンやら庭

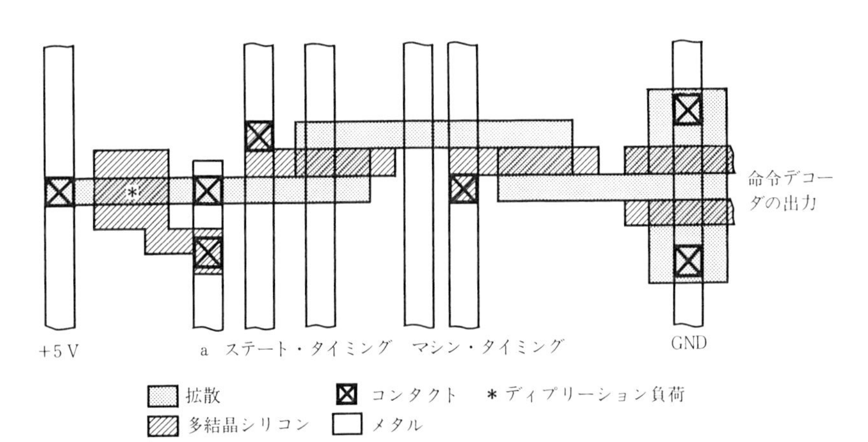

図38 命令デコーダの出力とマシン・タイミング，ステート・タイミングをANDするときのレイアウトの例．一定の幅でパターンを作れるので，論理式が完成すればチップ・サイズの見積りが可能となる．

仕事着のようなボロ着を着たりして，自転車でのんびりと出勤した．この頃は，まだまだ良きアメリカ，強きアメリカの匂いが強烈にただよっていた．

1973年の6月に入ると，最終的にマスク・デザイナーは5人になり，最後の仕上げに取り掛った．この頃になると，私の仕事は，設計の仕事から検証へと移っていった．自分の考えたり予想したりしたようにレイアウトがなされているか，回路設計は設計時のままで良いか，レイアウトはプロセスのデザイン・ルール通りに設計されていて，かつその品質については自分が設定した基準が守られているか，すべての論理，回路，レイアウトについて1つ1つ検討をした．この当時は，回路図とレイアウトが一致しているかどうかを調べるCADはなく，技術者が自分の眼で調べた．1人が回路図を読み，もう1人が回路図どおりの配線がなされているか，トランジスタの大きさは回路図と同じか，電源の供給は正しいかどうかなどを調べ，間違いがなくなるまで調べた．1回調べるだけでも2週間ほどかかってしまい，いかにして2回目で終わりにするかが設計の方法論と密接に結び付いていた．ここで優秀な技術者と普通の技術者の違いがわかってしまう．また，プロセスのデザイン・ルール通りにレイアウトができているかを調べるときには，後年CADを使用してチェックしたのと同じように，どのような組み合わせでどんなルールを調べるかを決め，コンピュータのかわりにマスク・デザイナーを使って間違いがなくなるまで調べさせた．この作業は泣きたくなるような，肉体ばかりでなく精神的にも非常に辛い作業であった．シリコン・バレーにはレイアウト・チェック専門の商売があったぐらいの作業である．LSI設計者が，この辛いレイアウト・チェック作業から解放されたのは，1975年に入ってからである．

8080の時代になると，マイラ用紙上にレイアウトされたものは，ディジタイザーという機械を使っていったん図形処理用コンピュータに入力する．入力されたレイアウトはCRTスクリーンを通してチェックすることができる．ただ，この機械があまりなかったためと，仕事が細分化されていたために，マイラ用紙上に描かれたレイアウトをLSI設計技術者がチェックする前に図形処理用コンピュータに入力してしまったりして，常にトラブルがそれこそすべての活動のところに生じ，集中力を極端に要求された．仲良く，そして人に任せて仕事をするような生易しい環境ではなかった．

やっとのことでレイアウトも終わり，コンピュータに入力されたデータベースによってプロセスで直接使うマスクの原図になるルビー(型紙)ができてきた．4004や8008では人間がカットしたのだが，今回はコンピュータがカットをしてくれた．ところが，トランジスタや配線などの物質があるところをすべてコンピュータがカットしてくれるのだが，その箇所のルビー・フィルムを剝がすのはまだ人間に頼る作業であった．そのチェックに最低1日かかり，でき上がったルビーをもう1度，プロセスのデザイン・ルール通りにでき上がっているか，各レイヤー単独に，またもろもろのレイヤーの組み合わせで調べなければならなかった．この作業に約1週間の日時がかかってしまった．

やっとすべての仕事が終わってほっとしていると，RAMメモリを使用して作ったレジスタ・ファイル(内部メモリ)に根本的な回路上の間違いがあることがわかった．致命的な設計ミスであった．大至急レジスタ・ファイルのブロック全体をくりぬいて，まったく新しいものと取り替えた．運の良いことに，私と仲良しのオペレータが担当であったため，約3日間掛けて修正した．冷や汗が出るなんて生易しいものではなかった．

すべての設計作業が1973年8月9日に終了した．やっと終わった．何も考えられないくらいエネルギーを使い果たし，肉体はものすごく消耗していた．1972年11月にプロジェクトを開始して9か月，緊張の連続であった．集中力を持続させるため，なるべく仕事だけを考えるようにし，週末も翌週の仕事のための準備段階のように自分の頭を集中させ，すでに設計された論理を忘れずに，また先週やったことを思い出すようにした．興奮すると，寝ていても論理図が脳裏に浮かび，その論理を知らぬ間にチェックしていたりしたことがよくあった．それが気になると，夜中でもオフィスに出かけ，論理図を正確に追ってみたりした．今思えば，気違いのような生活だったかもしれない．でも楽しかった，こんなに楽しい仕事はおそらく他にはないと思った．しかし，仕事はすべて終わった．これから1週間の，アメリカに来て初めてのバケーションが始まろうとしていた．

「やれやれこれで1週間の休暇がとれる」と妻に告げると，渡米以来の緊張が解けたのか，翌日双子の娘が早産で生れた．1人は仮死状態で生れてきたせいか，次の1週間ほどは毎日と言っていいほど医師が来て，危篤の状態であることを告げられたりした．運良くチルドレン・ホスピタルからの4人の医師団の24時間体制の看護によって助かることができた．おかげで，とうとう翌年の2月まで公私ともに休暇はとれなかった．

8080を含めて，1度に3人のベイビーを授けられたようで，でき上がった8080をデバッグしたり，双子の世話で寝る暇もない妻に代わってスーパーマーケットでリスト・アップされた物の買い物をしたりして，1973年の暮れは慌ただしく過ぎていった．

8 8080が完成し爆発的に売れた

1973年11月の初旬に，最初のウェーハが出てきた．

SRAMメモリに使用する低電圧NMOSプロセス工場はサンタクララの同じ建物にあったのだが，8080やDRAMに使用する予定の高電圧NMOSプロセス工場は，以前と同じくマウンテンビューにあった．マウンテンビューまでは5マイルぐらい離れていたが，一時も早くウェーハを調べて(デバッグ)みたくて，ウェーハができ上がる頃，連絡があると必ず自分自身で受取りに行ったものである．ウェーハができ上がる日は，わくわくしながらもなんとなく落ち着かなくて，朝からデバッグ用のテスタの調整をしたり，テスト・プログラムを調べたりして，ウェーハ工場からの電話を待っていた．

設計が終了してウェーハができ上がるまでの約2か月間は，本当にいらいらする毎日だった．システムの開発と違い，試作品としてのウェーハが出てくるまでは，何1つとして調べることも，修正することもできない．また，試作用ウェーハが出てデバッグをして間違いが見つかった場合，その場では修正ができず，またマスクを変えて1，2か月待たなければならない．マスク・セットの版名はAステップから始まり，A, B, C, Dへと際限なく増えていくのである．デバッグのためCステップへでも行ったら，これからの技術者としての将来は暗いものになることは大いに考えられる．したがって，ウェーハができ上がるまでの間に間違いを見つけたいのだが，もし見つかってもそれに対処する方法がマスクの変更以外にはまったくない．それでも時間が許されるかぎり調べを続けざるをえない．この期間がストレスもたまり精神的に最も辛い期間であった．

技術者不足と，使いやすい論理シミュレータがなかったため，論理シミュレーションはしなかった．たまたま日本の精工舎が8008の関係で8080のことを知り，彼らの科学用計算器に8080を応用しようとして，インテルが渡した回路図に基づいて小規模集積回路を使用してブレッド・ボードを作ってくれることになったので，精工舎に論理チェックをお願いした．ただ，このブレッド・ボードが到着したのはウェーハができ上がる直前だったので，直接には役に立たなかった．後述する8080のAステップにおける3つの間違い(バグ)はブレッド・ボードでは見つけることはできなくて，LSI開発の難しさがまた1つ浮かび上がった．ただ，彼らの用意したテスト・プログラムは大いに役に立ち，そのテスト・プログラムに基づいてさらに細かくトランジスタのレベルまでのテスト・プログラムを加え，最終的な生産用のテスト・プログラムを開発した．

ウェーハを調べるために，インテルの高速SRAMを使用して，検査機を作った．さらに，テスト・プログラムの変更を容易にしたり，8080の内部のレジスタの内容を表示したり変更したり，指定されたアドレス番地で止めたりするための，デバッグ・エイドやモニターを開発した．ちょっとした開発支援システムである．半導体設計技術者にはおもちゃのように見られたが，システムの技術者には高く評価された．これらのテスタは4004と同じく，ユニオン・

カーバイト社から引き続きインテルに移籍したポール・マトロビッチによって作られた．彼はその後も試作用テスタを8085や8086などの新製品向けに作ってくれた．さらにこの検査機とつないで，ウェーハに直接に接続するプローブ・カードや，ウェーハ・ソータとのインタフェースもでき上がり，すべての準備は十二分に整った．

マウンテンビュー工場のトム・ロウ(プロセスの最高責任者)から電話が掛かってきた．いよいよ8080のウェーハができ上がったのだ．その日は風がいくらかあったが，良く晴れた11月中旬の金曜日の午後2時頃であった．マウンテンビューまでの道が随分と長く感じられた．途中で同僚のヤング・フェングの車が故障して止まっていたのだが，とても止まる心の余裕はなかった．工場に着くと，ウェーハのでき上がり具合の最終チェックをしているとのことで少し待たされた．ウェーハはティッシュペーパーの箱ぐらいの大きさの白いプラスティックの容器に入っていた．

ウェーハの入った箱を助手席に乗せてサンタクララに戻ってきた．実験室に行くとファジンが待っていた．彼はにこにこと笑っていたが，私の顔はひきつっているようであった．いよいよウェーハを調べるときが来た．プラスティックの箱から動きそうな感じのするウェーハを選び，ウェーハを1つ1つ調べるマイクロマニピュレータの円形の台にウェーハを載せ，バキュームを引いてしっかりと台に固定した．40ピンの針が付いたプローブ・カードを固定し，ウェーハを載せた台を静かに回しながら，チップ上の配線用のパッドにそれらのピンが正確に合うように調整し，最後に静かにプローブ・カードを下ろしてウェーハに接触させる．この一瞬が最も緊張するときであり，精神を集中させるときでもある．まず，電源を入れてみた．異常はなかった．電流は正常であった．続いて8080そのものをリセットさせてみた．動作しない．冷や汗が出てきた．期待に反して，チップはウンともスンとも言わない．何をやってもまったく動作しない．隣のチップを調べてみた．他のウェーハも調べて見た．しかしまったく動かなかった．冷や汗どころではない．論理や回路設計が何か所かで間違っていても，一番肝心なところは何遍も何遍も調べたから，少しは動くはずである．

1回目はあっけなく空振りに終わってしまった．NMOSプロセスはインテルにとっては新しい製造方法だったので，オペレータが装置の操作に慣れておらず，単純な操作ミスで最初のウェーハは動作しなかったのである．腹が立ってしょうがなかったが，製造工程のマネジャーと話し，中途段階の予備ウェーハを大至急特急便(インテル社ではレッド・タグと呼んでおり，赤い札がかかっている)で製造してもらうことにした．11月後半に2回目のウェーハができ上がった．

1回目と同じくウェーハに針を立てる．1つ目のチップは動作しなかった．でも，2回目，幸運なことに2回目で動くチップが見つかった．リセット信号をオンにすると，出力ピンは3値のうち「0」でも「1」でもない高インピーダンス(フローティング)の出力状態をとった．周りには，ファジン，ホフ，メイザー，皆が集まってきた．誰も何も言わない．ものすごいプレッシャーだ！頭の後ろの神経がピリピリしているのがよくわかる．逃げ出したい気持になった．そしてリセット信号をオフにし，メモリ・サイクルを止める状態にレディー信号をオフにすると，検査機の表示はメモリ・アドレスの0番地を示して止まっていた．これには大感激した．次に，何もしないNOP命令を実行させてみる．アドレスは次々と更新されていく．またまた感激．最も簡単な命令を使用して，内部のレジスタの内容を変え，そしてそれを外に出し表示してみる．またまた動いた．すっかり興奮してしまった．演算命令を実行してみる．これも正確に動作した．「バンザイ！」「ヤッター！」日本語のパレードだ．

調べが進むうち，確かに動いているらしいことが明瞭になってきた．歩留まりの関係で特定のブロックが動作しない場合があり，1つのチップではすべてが調べられなくて，いくつかのチップを調べた結果，やはりかなり動いているようであった．この間わずか3日間の出来事である．ほぼ動作した，ということで肩の荷が降り，緊張感から解放された．

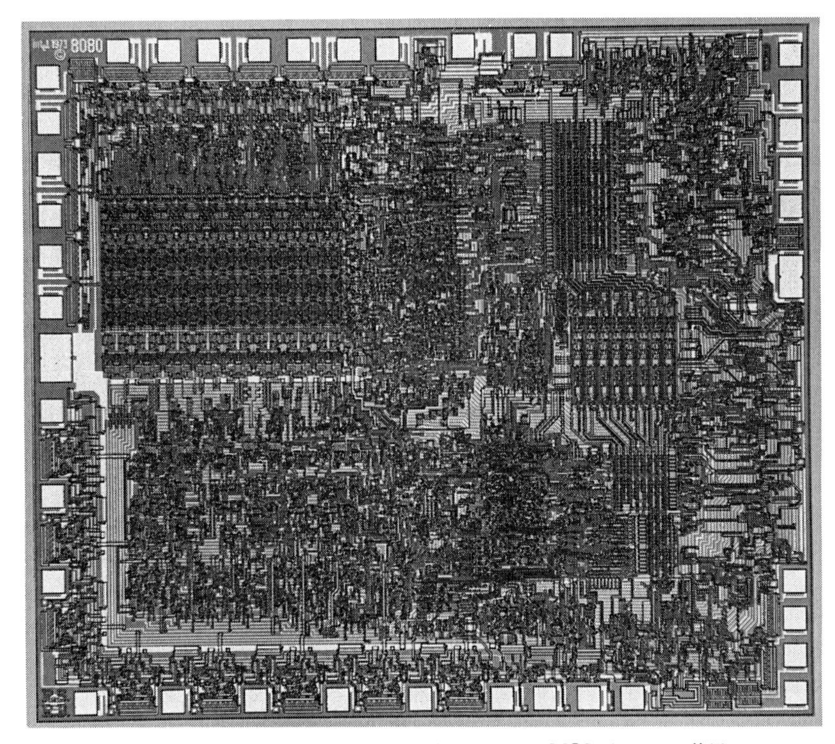

図 39　8080のチップ．nチャネルMOSプロセスを使用している．接地線が細いため，標準のTTLと互換性がとれなかった．筆者にとっては初めてのパターン設計の指導だったので，電気的特性には注意をはらったが，パターンの美しさには手が出せず，きたないレイアウトになってしまった．オリジナルの8080には，左下隅のイニシャルに重ねて筆者の家紋が入っている．

さらに詳しくいろいろの命令や機能の組み合わせで検査が進められた．残念なことに，誤りが3か所見つかった．あるブロックに供給している接地線が，主接地線につながっていなかった．これは，先端が4 μmぐらいの金属性のハリを，顕微鏡で見ながらその接地線上(8 μm幅)に立て，主接地線と結んで解決した．LSIの内部の金属の線上に，顕微鏡を使ってハリを立てる作業は初めてで，何度かメタルを切ってしまい，貴重な動作をしているチップを壊してしまったりした．2番目の間違いは，高速性が要求されるところで，＋12ボルトの電源を必要とする回路に＋5ボルトを供給してしまったため，供給電源が低電圧になると動作しなくなってしまうことであった．3番目の間違いは論理設計の間違いだったのだが，幸運なことに致命的な間違いではなく，それがある特定の場合のための論理であったため，チップ全体のデバッグに支障はきたさなかった．2入力のNOR論理回路がNAND論理回路になっていたのである．これは2つの入力信号を，ハリを立てることで外部に出すことによって外でNOR論理を作り，その出力をチップに戻して論理の確認を行なった．

このように，チップの機能に関するデバッグは約2週間で終わった．ウェーハ上で限られた命令の組み合わせで確認すると，スピードに関するボトル・ネックになるような回路は存在していないようであった．当時は，型紙(ルビー)を使っていたので，すぐに修正でき，1974年1月には完全な機能のチップが完成した．

8080が完成すると同時に，私の周りは随分と騒々しくなってきた．8080の評判を聞いて，大きなアメリカの会社のトップ・クラスの人たちのインテル訪問が非常に多くなった．ノイスも大勢の人を連れて実験室を見学させていた．私も，8080が半導体分野における画期的な出来事であるとの認識で，IEEE(アメリカ電気電子学会)主催のISSCC(国際固体素子回路学会)に論文を提出した．この学会はかなり権威のある学会だったが，幸運なことに論文はパスし，毎年2月にフィラデルフィアで開かれる学会で発表することになった．これにはファジンがかなり協力してくれて，私の大きな成果として評価されるように取り計らってくれた．さっそくスライドと発表の原稿を作った．質問時間を5分とみて7枚分の20分の原稿を用意した．私の英語力では心許無いせいか，ファジンと，新設されたばかりのペリフェラル開発設計グループのマネジャーであるアンガーマンが，付きっ切りで私の論文発表の指導に当たってくれた．

私の人生で最も緊張し，興奮し，晴れがましい日がやってきた．それは，1974年2月13日のことである．不思議と，発表の前夜はよく眠れた．朝起き

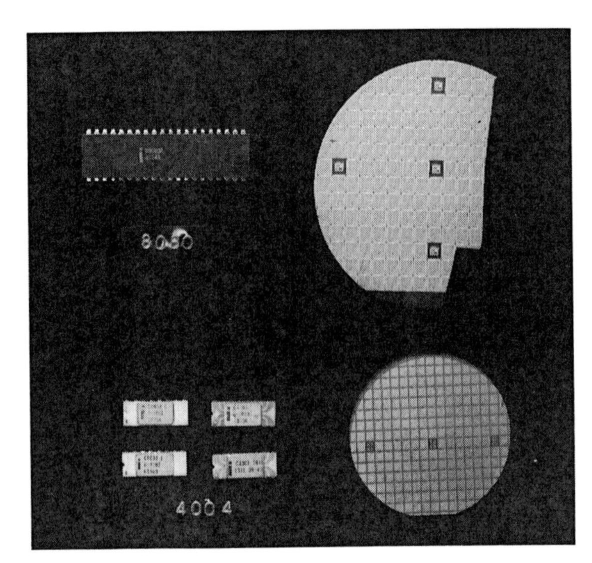

図 40　ウェーハの比較．下は 1971 年 3 月に完成した世界初のマイクロプロセッサ 4004 CPU の 2 インチのウェーハ．上は 1973 年 11 月後半に完成した 8 ビットのマイクロプロセッサ 8080 の 3 インチ・ウェーハ．8080 マイクロプロセッサは 1 個 300 ドルで飛ぶように売れ，マイクロプロセッサ事業の確立と発展に大きく貢献した．

て食事をした後，午後の発表まで部屋に籠り，何遍も何遍も発表の練習をした．完全に暗記してしまい，やっと余裕が出てきた．午後になって会場に行くと，技術部長であったレス・バデーズがやってきて，「一番前に座っているから，もし難しい質問が来たら，俺に合図を送れ．俺が助けてやる」といって勇気づけてくれた．肩から力が抜け，気分が楽になった．練習の甲斐があったのか，発表はうまくいった．論文の内容は，

- マイクロプロセッサの誕生と初期の応用
- 高速ランダム論理回路への応用
- CPU 設計の制限

  盛り込む命令と機能

  TTL 回路との互換性

消費電力/パッケージ

速度

チップ・サイズ

- NMOSの優位性
- 8080の命令と機能
- ハードウェア・アーキテクチャの改良
- 8080のブロック図
- 8080チップの写真

などであった.

発表している間に，緊張感が消え，やっと会場を見渡すことができるようになった．会場のほとんどの人が実に熱心に聞いてくれていた．最後はちょっと気張って8080のチップ写真を紹介した．「これがその8080です.」大きな大きな拍手であった．発表は成功した．気持の良い興奮はなかなか収まらなかった.

2種類の8080

デバッグに使用したテスタを使って，すべての命令と機能のテストをし，簡単な電気的特性の検査をした結果，サンプルとして出荷できそうな感じであった．8080チップそのものが，有償サンプルとして1個300ドル(当時1ドルは360円である)で飛ぶように売れていった．一応チップが完成したし，チップの詳細な特性試験に必要な，半導体プロセスのパラメータを変えたウェーハ(特性試験用プロセスやキャラクタライゼーション・ラン)ができ上がるのに1か月は必要とのことで，2月に休暇を取り，生れた赤ん坊の里帰りを兼ねて日本に2週間ほど帰国した．日本で8080の紹介をすると大きな反響があった．これは売れそうだと直感した.

ひさしぶりの日本に心が落ち着いたが，電気的特性試験のことが頭から離れず，妻と子供を日本に残してアメリカに戻った．休暇から会社に戻ってみると，たいへんなことが起きていた．私の休暇中に，市場調査の結果これは売れそうだと判断して，数万個の8080を製造してしまったのだ．これは大変だと，手元にあるサンプルを使用して，さっそく電気的特性の測定に取り掛った．

ここで大きな失敗が見つかってしまった．それまでのLSIはPMOSプロセスで作られていて，電源は＋5ボルトと－9ボルトであり，TTL回路に使われているグランド(接地線)は使われていなかったし，NMOSプロセスを使用した製品はRAMメモリのみで，その出力ピンは1本しかなかった．しかしマイクロプロセッサの場合は，アドレスが16本(ピン)，データが8本，さらに制御信号があり，ものすごい出力数になる．これらの多数のピンに，TTLとの互換性を保つため，おのおの2 mAの電流が流れ，全体では相当の電流値(60 mA)になる．

チップ内の接地線はメタルを使っており，メタルに流れる電流の容量は設計時に考慮するが，メタルの抵抗比などはいっさい考えなかったし，その必要がまさかあるとは思えなかった．メタルは1 μm当たり1 mAの電流を流すことができる．規定以上の電流が流れると，経年変化でメタルがおかしくなり，信頼性に大きな影響を与える．前述の60 mAの電流を満足させるには60 μm幅のメタルを使用すればよいことになる．ところが，メタルの抵抗比は1平方当たり0.4 mΩとなり，60 μmの幅で電源線(接地線)を配線すると，6 mmの配線長の場合40 mΩとなる．マイクロプロセッサの出力には，システム構築を容易にさせるため，すなわち多くのLSIがいっさいのインタフェースICを介さずに使われるように，1ピン当たり100 pF(ピコファラッド)の負荷容量を許していた．また，NMOSトランジスタの特性は素晴らしく，ものすごく高速にスイッチングがなされる．これは高速マイクロプロセッサには都合がよいのだが，瞬間的に非常に大きな電流が流れ込んでくる．全体で軽く10 Aの電流に達してしまう．つまり400 mVの電位の上昇が見られ，とてもTTLとの互換性を仕様書には書けなくなってしまった．さらに悪いことには，パッケージの材質に信頼性の高いセラミックを使用すると，ICパッケージの足とチップを載せる台(キャビティ)までの配線が薄膜で作られているので，その抵抗値は約0.5 Ωほどあり，これも大きな問題として浮かび上がってきた．PMOSではまったく問題にならなかったことが次々と問題となってきた．これ以後，どこの会社も，接地線の幅を考慮するようになった．

電気的特性を分析するプロセスのウェーハ(キャラクタライゼーション・ラン)ができ上がってきて，詳細に特性検査が行なわれた．幸運なことに，接地線以外には何も問題が生じなかった．速度も設計した通り目標に達し，電圧マージンもたいへん良かった．ただ，高温テストをするためオーブンを利用するのだが，何も考えずに配線材料を選んだせいか，配線材料が100度で溶けてしまい，たいへんに困ってしまった．また，最高動作周波数の試験をするために発信周波数を上げていくと，オーブンとの間にツウィスト・ペア線を使用しているのだが，なかなかうまく行かずにイライラしてしまった．8080では何から何まで新しいことずくめで，勉強にはなったが苦労も非常に多かった．

それで当分の間8080の販売は，接地線に問題を残したまま，低消費電力TTLとの互換性を保つことで，約1年近く続いた．それでも，この8080は1個300ドルもしたが爆発的な売れ行きで，8080の開発費を十二分に回収したのみならず，インテル社にマイクロプロセッサ事業の発展を確認させることができた．

その後，8080の接地線の幅を広げて，標準のTTLとの互換性を持たせて発表されたのが8080Aである．この当時までは，マスクに自分の名前(サイン)を入れてもらうことができた．私の場合には家紋を入れてもらった．シーズのチョコレートを1箱買ってきて，2時間掛かりで彫ってもらったのである．丸に三本の線のマークが入っているチップが正真正銘のオリジナルの8080である．(最近はまた個人の重要性が増したためか，チップに個人の名前を入れているようである．)

8080の生産移行と周辺LSIの開発

この時期になっても，ランダム論理LSI用テスタはほとんどなく，フェアチャイルド社から汎用LSIテスタ・セントリ・システムが発表されたばかりであった．インテル社ではある程度までの汎用性を狙ったテスタを，すでに4004をシステム・コントローラとして使用して，製作に入っていた．このテスタに，正常に動作する8080を動かすエクササイザ・ボードと比較回路を設け，いわゆる比較検査機を開発し，量産用テスタとした．量産用テスタとしては最高周波数を3 MHzまで上げなければならないが，社内にはそのような技術がなく，接地線上にノイズがのり，その問題を解消するのにかなりの日時を要した．後に，テスト中の総クロック数を計数する機能を加え，一段とテストの結果が良くなった．このテスタの思想を受け継いだのが，メガ・テスト社のQ8000テスタである．メガ・テスト社の創立者は，8080の量産用テスタの開発，製作，デバッグなどに大いに活躍した，オーストラリア出身でカルテック大学を卒業したばかりのスティーブ・ビセットである．彼はうるさいぐらい8080の量産用テスタの思想やペリフェラル・チップの機能について質問をしたりしたが，非常に聡明で能力のある技術者であり，8080の量産用テスタの試作や8080のペリフェラル・チップのアイデアを随分と出してくれた．

8080の製造への移行にも大きな問題が生じていなかったから，量産用テスタの製作と電気的特性の検査を終え，1974年7月には8080A用のマスク・パターン設計が完了したので，プロジェクトを離れた．

この頃になると，インテル社でもマイクロプロセッサ事業の発展性を確信したのか，急遽今まで注文生産のLSIの設計をやっていた技術者をペリフェラル(周辺)チップの開発に移動させようとした．まず，ペリフェラル開発設計グループを設立させ，注文生産を担当していたラルフ・アンガーマンをファジンの下のデザイン・マネジャーとして指名した．同時に私は彼の下に移り，ペリフェラル・チップ設計の実際的な全責任は私に負わされてしまった．インテル社もやっと，LSIによるシステムの構築に理解を示すようになり，マーケティング部門にも人を入れ，仕様の検討を開始した．ペリフェラル・チップの開発促進が急速に計られた背景には，モトローラ社の6800シリーズ発表の噂があったようである．

それらのペリフェラル・チップには汎用入出力，タイマー，DMA，割り込み制御，通信などがあった．ただ，LSIの論理，回路，パターン設計にほとんど経験者がおらず，その指導とマネージメントに忙殺された．ある者は論理設計しかできず，ある者は回路設計以後には抜群の力を持っており，またある者はLSIの設計は一通りできるがマイクロプログラム設計方法も難しく，かといって複雑なランダム論理方式は手に余るようであったり，皆それぞれに能力はあるのだが経験が浅く，指導はたいへんだったが，非常に楽しくもあった．教えた技術者たちが，後に16ビットの80286や32ビットの432チップなどを設計したのだが，指導した者にとっては，たいへんにうれしかった．

さらに1974年の秋になると，フェアチャイルド社が2チップ構成のマイクロコントローラ(F8)を発表するという噂が，簡単な機能説明書と一緒に流れてきた．もっともその機能はかなり低く，目新しいものは何もなかった．ただ，システムが2チップで構成できることが驚異となった．インテル社のマーケティング部門はそれに敏感に反応しすぎて，8080のペリフェラルのチップ・サイズをかなり小さく(3.5 mm以下)しようと考え始め，各チップの機能の仕様に大きな陰を落してしまった．ただ，これが1つのインパクトになり，インテル社では8085 CPUとそのファミリー・チップの開発(4004と同じくLSIのみによるシステムの構築)，そして1チップでシステムが構築されるマイクロコントローラ8048の開発へと進んだ．

11 ファジンとアンガーマンの退社

1974年の夏になると，アンガーマンが会社を辞め，インテル社に入る前に自分で経営していた，システムと通信の開発，設計，販売を事業とする会社に戻ることになった．また1974年11月になると，ファジンもインテル社を辞めた．その頃，ファジンはマイクロプロセッサやペリフェラル・チップを含むスモール・マシン・グループの開発部長であっただけでなく，SRAMの開発部門も面倒見ていた．

また1974年に入ると，オイル・ショックの影響が半導体業界にもまともに押し寄せてきた．株も10月1日に，75ドルが1日で25ドルを割ってしまい，最後に18ドルまで下がってしまった．半導体業界にいても何のメリットもなさそうだし，株ではあまり儲からなかったし，ファジンも辞めてしまったので，将来の生活に不安を感じ，ファジンからの熱心な誘いもあって，ファジンとアンガーマンの会社に移ることに決めた．その会社は，この時点ではエクソン社と交渉している段階で，会社の名前もアンガーマン・アソシエートで，ザイログの名前もZ80 CPUを開発することもまだ何も決まっていなかった．これまでは設計者として働いてきたが，これからは開発者として自分を成長させていくようになるとは，この時には夢にも考えなかった．株の精算をしてインテル社を退社したのは1975年2月の初旬であった．

Z80の開発

1 フロッピー・ディスクとDRAMの大量生産化

マイクロプロセッサが誕生した1971年前後に，もう2つの重要な製品が登場した．そしてこれらの3つの製品がシステムとして集積されることによって，マイクロプロセッサに新しい生命を吹き込むことになった．1つは磁気コア・メモリに代わる半導体メモリであるDRAMである．使いにくく，しかも高価だった1キロビットのDRAMに代わって，NMOSを利用して1973年に商品化された4キロビットのDRAMが，1974年頃にあまり高くない価格で大量に市場に出回るようになった．もう1つの画期的な製品はIBMが開発したフロッピー・ディスクである．それまでデータ・エントリーの主流であったカードや紙テープに代わる新しい記録媒体として，1972年に登場した．今では直径3.5インチのフロッピー・ディスクが，持ち運び可能なハンディ・タイプの個人用ワードプロセッサにも広範囲に使われている．最初は直径8インチのマイラ板の表面上に磁性体を施したもので，77トラックの256キロバイトの記憶容量が提供された．

8080の開発が着手された1972年後半には，まだDRAMもフロッピー・ディスクも応用機器には使えそうもなかった．使用可能なメモリは読み出し専門のROMや，データを格納するSRAMであった．SRAMはDRAMと異なり，一定期間内にメモリの内容をリフレッシュさせる必要はなかったが，実装密度がDRAMと比較してはるかに劣り，その高価格のためデータを格納するためにしか使われず，膨大なプログラムを格納できなかった．すなわち，8080の命令体系や機能は，特定の決められた仕事のみを実行する，いわゆるシングル・タスクを目的とした応用分野に焦点を当てて決められたのである．

8080が市場に出ると，コスト・パフォーマンスが非常に高いことから，急速に応用分野が広がった．異なる応用分野からの要求の中で最も大きな要望は，データ・プロセッシングのための命令や機能であった．さらに，より高速な入出力機器をプログラムによって制御したいという要望が急速に大きくなってきた．また，通信機器にも広く使われるような動きも見えてきた．これら一連の動きは，我々(ファジン，アンガーマンと私)に，次世代のマイクロプロセッサを開発するための非常に大きな動機となった．

1975年に入ると，DRAMはますます安くなるのが目に見えてきたし，フロッピー・ディスクも市場に出回るようになった．この二つの画期的な製品を使用することにより，マイクロプロセッサをコンピュータの応用分野に適用させることが可能になった．すなわち，ディスク・オペレーティング・システム(DOS)の管理下で，フロッピー・ディスクに格納されている種々の異なったプログラムを4キロビットのDRAMメモリに読み込み，そのプログラムを実行する．このようなシステムの登場により，マイクロプロセッサの応用分野は急激に一気に広がるように感じられた．

ザイログ社設立に参加

私が入社したときには，ザイログ社はまだアンガーマン・アソシエートという会社で，アンガーマンの個人的なソフトウェア開発の会社だった．また大石油会社であるエクソン社とは交渉中で，満足な資金もなかった．1,2か月で交渉は成立するとのことで，それまでは給料は遅配されるとのことであった．もちろん社員は私1人である．3月に入ってファジンの家でパーティを開いたときに，ちょうどほぼ全員がワインで気持が良くなった頃，誰とはなしに新会社の名前が決められた．ザイログ社(ZILOG)の名前は「最後に世の中に設立される，集積論理のためのLSIシステムを開発・製造・販売する会社である」という意味をこめて命名された．すなわち，Z Integrated LOGicを短くしたものである．

新しい製品の開発で，1チップ・マイクロコントローラと改良型8080などの提案がなされた．最終的には投資効率から改良型8080と，それを使ったシステムの開発がエクソン社に受け入れられ，新会社ザイログ社が5月に正式に設立された．

ザイログ社のオフィスは高級住宅地ロス・アルトスの，ブティックなどのあるしゃれた高級ショッピング・モールの2階にあり，最初の頃はせいぜい40坪にも満たない広さだった．私の部屋は，ショッピング・モールの内庭が見渡せる，東京の青山にでもあるような，ちょっとしゃれたデザインぽい，天井が斜めに切ってある2階の小部屋だった．悪い見方をすれば，屋根裏部屋のようなところである．もっとも，屋根で覆われた内庭向きだったのでたいへんに暗かった．

当時のザイログ社は，今から思えば，エクソン社からの出資がなければ数か月も持たないような会社だった．ファジンはコンサルタントの仕事でなにがしのお金を取り，アンガーマンはソフトウェアの仕事で事務所の運営費を出していた．エクソン社との契約締結が予想より遅れたが，ある程度の危険を覚悟で製品の企画を開始した．設立された会社の将来がわからず，給料もはっきりしない状態で仕事をするのは，なかなかにスリルがあった．また妻と1歳になった2人の子供が日本から帰ってきたのをきっかけにして，ザイログ社に入社する6か月前に，新築の家や2台の新車(1台はあこがれのオープン・ロードスター車だった)を購入したばかりなので，毎日内心ハラハラのしどおしだった．

当時のザイログ社には，我々のほかにはマーケティング・マネジャーが1人と秘書が2人いるだけだった．ただ，近所には美味しいドイツ料理屋や，ピザ・ハウスや，デリカテッセンや，メキシコ料理屋などが多くあり，毎日の昼食に皆でよく繰り出したものである．

Z80(改良型8080)の詳細な開発に着手したのは，3月中旬の，やっと雨期から解放された頃である．エクソン社との交渉に失敗すれば，次世代マイクロプロセッサ開発の夢は大きく後退せざるをえない．この不安を解消するためにも，より一層Z80マイクロプロセッサの開発に没頭するようになった．8080の開発のときもそうだったが，Z80のときもこのマイクロプロセッサがそんなにヒットするとは思わなかった．またこの当時はまさか，後年，Z80マイクロプロセッサが4004や8080とともに，スミソニアン博物館に歴史的電子部品として展示されるとは夢にも思わなかった．

Z80マイクロプロセッサ開発のゴール

Z80の開発の基本方針は，当時市場で最も影響力のあった8080Aと，バイナリ・コードの段階でソフトウェア互換性を保つことと，ハードウェア・システムおよびソフトウェアなどのコストの低減にあった．この基本方針を実現するため，8080Aにもろもろの改良を行なった．それらには次のようなものがある．

(1) 2相クロックに代わって，1相クロックの採用

(2) 命令実行の高速化(2 MHzから2.5 MHzへ)．ただし，各命令で使用するクロック数はほぼ同じにする．このことによって4ビットのALU(主演算回路)の採用が可能となり，チップ・サイズの減少に大きく貢献した．

(3) システムとのインタフェースをより容易にさせる．8080Aではいくつかの CPU 内の状態(ステータス情報)をデータ・バスを介して送出していたのを，個々独立した出力端子上に出力させ，かつDRAMのためのリフレッシュ制御回路を CPU 内部に設けて，DRAMの使用を容易にさせた．また，従来は割り込み制御チップを使用していたのをやめ，それぞれの割

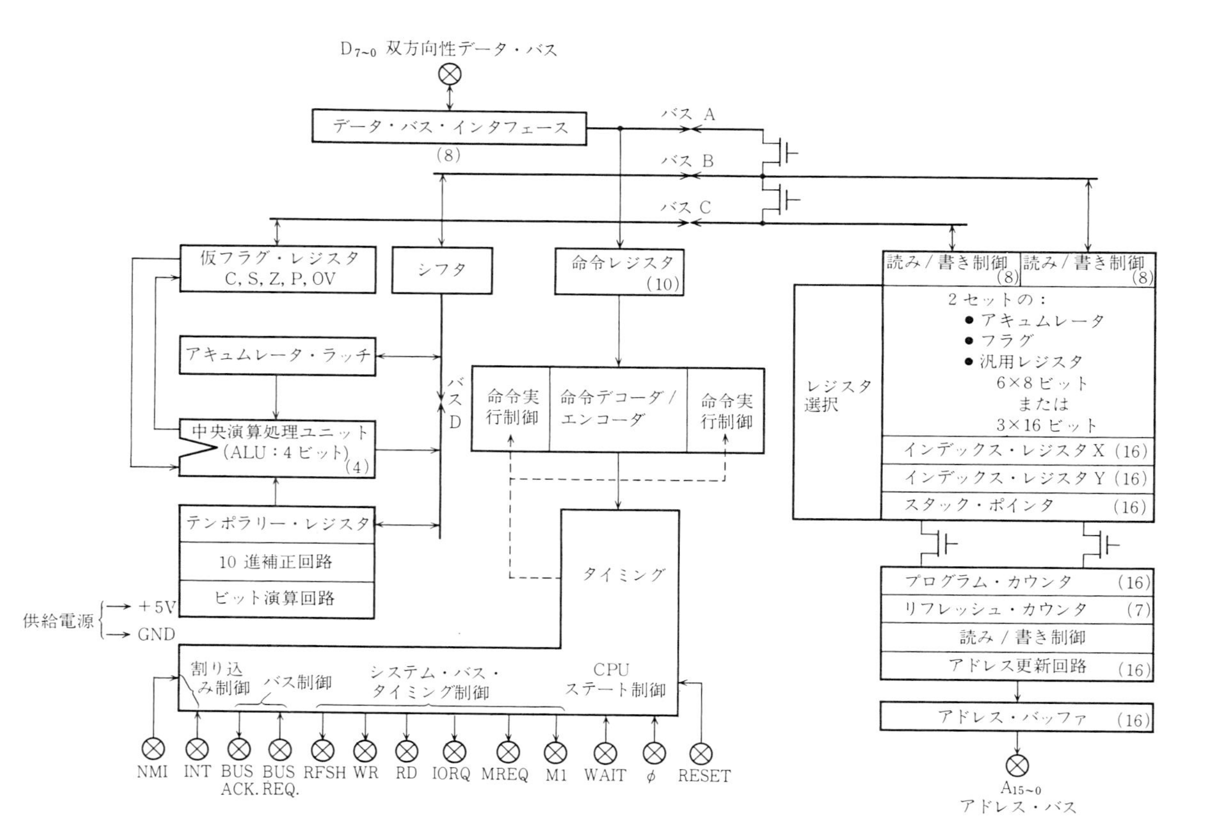

図41 Z80 CPUのブロック図．Z80では1本の内部データ・バスを，大きなトランジスタを門のように使って開け閉めして，4種類のデータ・バスとして使用した．最新のイオン注入の技術の導入により，ディプリーション負荷トランジスタが使用できたので，高速が期待され，ALUは4ビット幅とすることが可能となった．

り込み要求をベクトルとしてCPUが取り扱う機構を設けた.

(4) 割り込み応答速度の高速化. 前述の割り込みベクトルの採用とともに, アキュムレータ, フラグを含むレジスタ・ファイルをもう1組設置した. 当初は等価的に2個のCPUを設けるように考えたが, ユーザーへの説明が非常に難しくなるため取り止めた.

(5) より豊富な命令セット. 8080Aが出現し, 広範囲に使用され始め, かつオフィス・オートメーション機器への応用が始まる(すなわちソフトウェア技術者のマイクロコンピュータ事業への参加)と, 豊富な命令セットへの要求が強くなってきつつあった. このため, アドレス指定方式としては, 相対アドレスやインデックス・アドレスなどが新たに加えられた. さらに命令セットとして, 16ビット演算, シフト/ローテートなどの命令の拡張, ビット・マニピュレーション(操作), 入出力とメモリ間, メモリとメモリ間のデータ・ブロック転送, メモリ・サーチなどの命令群が新設された. 特に新設されたデータ・ブロック転送命令によって, 外部のDMA機能を使用せずに, フロッピー・ディスクとメモリの間のデータ転送が可能となった.

結果としてこのような仕様をもったZ80マイクロプロセッサはまたたく間に市場に広範囲に受け入れられた. 1970年代後半には, ゲーム・マシンにもよく使われ, 1980年代初めのパーソナル・コンピュータにも使われたのである.

さて, 仕様が決められると, ファジンとアンガーマンが仕様書を作り, ユーザーに仕様書を持っていって反応を調べ始めた. 一方, 私はさっそく, 内部のハードウェア・アーキテクチャの詳細な最終的検討に入った.

Z80のハードウェア・アーキテクチャ

Z80 CPUにも8080Aと同様にランダム論理方式を採用すると仮定すると, 命令解読論理回路を含めた命令を実行させるための論理や，システム・バスの制御のために，8080Aと比較して約2倍のトランジスタが必要と予想された．8080Aは命令を形成するためのマイクロ・レベルの論理に1800個のトランジスタを必要とした．したがって，Z80の総トランジスタ数は8080Aの4800個に対して8700個ぐらいになるだろうと予想した．

Z80マイクロプロセッサを設計するに当たり，最も苦労したのは，いかに8080と異なるように論理を設計するかであった．8080を知っているからZ80の論理は組めるのだが，インテル社で開発した論理を避けて新しい方法を見つけるのは決してやさしくはなかった．決してやさしくはなかったが，やってみると，次から次へと新しい方法が出てきて自分でも驚いてしまった．一方，8080を通して経験した回路設計やレイアウトのやり方を，さらに洗練されたやり方やテクニックに仕上げることが，容易に，楽しく，創造的にできた．8080の開発では，自分が考えて，自信もあるアイデアであっても，迷いが生じてきて，かなり頻繁にファジンや同僚のフェングに相談に行ったり，自分の考えを話しに行ったりしたのだが，Z80では何の迷いもなかったし，自分の考え方が最良だと思えた．したがって，Z80の論理/回路/レイアウト設計については，質問してもらいたいこと，しゃべりたいこと，教えたいこと，知ってもらいたいことが，山ほどあるぐらいに，自分自身のやり方(方法論，アイデア，具体的な設計)に自信ができ，設計の品質もテクニックもかなり程度が高くできたと思う．

詳細な論理，回路設計が5月後半から開始された．まず，回路設計ハンドブックの作成から着手した．1973〜74年頃から使用され始めたイオン注入技術により，MOS LSIは製造するのが非常に簡単になった．誤解を招くかもしれないが，一言で言えば，良い装置と使い方さえ習得すれば，誰もがMOS LSIを簡単に作れるようになったのである．私のようなMOS LSIユーザーの立場から見ると，そのぐらいイオン注入技術は画期的な新技術であった．言葉を換えて言うと，LSI時代はアイデアの時代であり，欧米人が最も力の発揮できる時代でもあった．ところが，イオン注入技術の導入は半導体製造事業の大衆化の時代をもたらし，アイデアとノウ・ハウ(経験)の時代となった．経験を積み重ねる体制にある日本企業がリーダーシップをとるのは時間の問題であった．VLSIではアイデアとノウ・ハウの両方が必要であり，欧米の半導体メーカーが半導体製造でリーダーシップをとれなくなった．

この技術によって，トランジスタの性能は格段と向上した．従来使っていた高電圧NMOSでは，供給電源として+5, +12, −5ボルトが必要だったが，新型のMOSプロセスでは低電圧NMOSと同じく，+5ボルトと接地線端子(グランド)だけでよくなり，トランジスタをより小さく作れるのみならず，他の実装密度に与えるもろもろのプロセスのパラメータもかなり改善されていた．さらに，このイオン打ち込み技術の導入によって，ディプリーション負荷のNMOSトランジスタが使用可能となった．

ディプリーション負荷のNMOSトランジスタは，エンハンスメント負荷と違い，常にオンしているため，回路の出力電圧は+5ボルトになり，次段の回路の入力用トランジスタのサイズを小さくすることができる．したがって，高電圧力動作のNMOSと比較してみると，必要とされていた+12ボルト電源は完全に不必要になり，速度・電力積は15%，ゲート遅延時間は20%，実装密度は15%ほど向上することが期待できた．また，ディプリーション負荷トランジスタの導入は，単一電源の採用とともに，回路設計を非常に容易にさせてくれた．

この時期になると，まったく情けないことに，一部の日本の半導体会社が写真技術を駆使して，最も技術者として恥ずべき直接のコピーをするようになった．それを防ぐためにもイオン打ち込み技術は大きく役に立った．すなわち，エンハンスメント素子であるべきところにイオンを打ち込むことにより，電気的特性を変え，与える入力電圧に拘わらず常にトランジスタをオン状態にすることができるようにさせた．Z80では，合計6個ほど，このような素子を使用した．これでコピーされる時間を稼ぐことができたが，根本的な解決はできなかった．それは，何度か試作してみれば，だんだんとトリックを見破ることはできるし，論理シミュレーションによる論理の解析もできるからである．それでも，初期の目的は十分に達成できた．ただ，このようなコピーは許されることではなかったし，将来とも許すべきことでない．ほんの一部の会社のアンフェアな行動が，日本という国の評価にきわめて悪い印象を与えてしまった．

一方，イオン打ち込み技術の導入は，セコンド・ソースへレイアウト・パターンのデータベースを移行するのにも大いに役に立った．Z80 CPU は4社で生産されたが，その生産移行にほとんど大きな問題が生じなかった．もっとも，ザイログ社が設立されたときには半導体部門を持っていなかったため，レイアウト設計に当たっては，数社のプロセスを予想してかなりのマージンを乗せるように考慮した．したがって，1社のプロセスだけを仮定して設計すれば，そのチップ・サイズは10% から15% ほど縮小されるはずであった．

ただ，この半導体開発，製造部門の欠如が，やがて大きな失敗へ結びつくとは夢にも思わなかった．その後，1977年に入って，自社の半導体部門を新設し，プロセスを開発そして改善していくにつれ，数種類のレイアウト設計のデザイン・ルールができ上がってしまった．すなわち，CPU と汎用I/O チップに続くすべてのペリフェラル・チップのレイアウトは，それぞれ異なったデザイン・ルールで設計されてしまった．そして，その後に続くプロセスの改良によるチップ縮小プロジェクトに大きな支障をきたすことになった．この点インテル社はスマートで，HMOS という次世代のプロセスを開発するばかりでなく，将来の縮小プロセスへの道を同時につけてしまった．

8080のときまでは，互いに重ならない2相のクロックを無条件に採用したが，この当時のプロセスでは，そのスイッチング電位はあまり低くなく，ほんの少し2相のクロックが重なっても動作しないことがわかった．そしてもし論理回路を図37のように作ると，クロックのチップ内の配線を注意深くやれば1相のクロックが使用できることがわかって，それを採用することになった．

8080A では，チップ内部のデータ・バスの配置を含むチップ・プランが十分でなかったため，かなりの面積を無駄にした．こんどは内部データ・バスを再配置し，先に述べた8ビット構成のALU(主演算回路)を4ビットに変更したことによって，チップ・サイズを小さくすると同時に，ALUブロックのレイアウトを細長く作れるようになり，複雑な命令実行制御回路のレイアウトのために貴重なスペースを作り出してくれた．

また，チップ・サイズの減少のために，目的別に数種の内部データ・バスを設けるかわりに，ただ1組のデータ・バスを，多目的データ・バスとして使うことを考案した．これにはMOSスイッチを使う．この方法によると，まずアキュムレータとフラグを，標準メモリの構造で構成されてあるレジスタ・ファイル内に設置することが可能になった．そして，MOSスイッチをオフすることによって，外部データ・バスからの命令を命令レジスタに読み込むと同時に，レジスタ・ファイルに格納されているアキュムレータやフラグをALUブロックにある仮のアキュムレータやフラグと交換させることができ，それらの初期化や演算結果の格納に使うことができるようになった．また，レジスタ・ファイル内にMOSスイッチを設け，それをオフすることによって，プログラム・カウンタやDRAM用のリフレッシュ・カウンタのアドレス・バスへの送出やアドレス更新を，他のレジスタ・ファイルの読み書き動作と関係なく実行できるようになり，MOSスイッチをオンすることによって内部データ・バスへの(からの)アドレス情報の転送が可能となった．

このように，新しいプロセス技術がマイクロプロセッサに要求される機能よりも優れていると，いわゆるハードウェア・アーキテクチャの改良がいろいろと期待できる．前述のMOSスイッチによる多目的バスの発想は，私が考えただけでなく，同時期にRCA社の技術者によってシリコン・サファイア技術を使用したCMOSマイクロプロセッサに使われた．これは，たまたま1976年のISSCC学会が開かれたときに，講演のあと一杯飲んでいると，その技術者を知り合いのヒューレット・パッカード社の技術者に紹介されたのである．彼と最近のハードウェア・アーキテクチャについて話し合っているときに，たまたま同じ多目的データ・バス方式を考案したのがわかって，たいへん驚くと同時に，自分たちの同時期に考案したアイデアに感心してしまった．

わずか9か月で最初のウェーハが得られた

Z80の仕様が4月に決まり，3月から開始したハードウェア・アーキテクチャの設計が5月上旬にほぼ完成した．マイクロプロセッサの全設計過程において，最も楽しく面白い作業が，このアーキテクチャの考察，検討，決定であった．この作業だけは，今でも自分自身でやってみたい楽しみの1つである．Z80の開発も非常に小人数の技術者で行なわれた．論理・回路設計者が私で，論理を確かめるためのブレッド・ボードや機能検査機などを設計・製作をしてくれた，大学を卒業したての技術者が1人と，マスク・デザイナーが3人であった．8080のレイアウトをやってくれたロン・ショウが参加してくれて大助かりだった．ファジンもレイアウトが最も忙しいときに1か月ほど手伝ってくれた．彼は，普通のマスク・デザイナーの3倍ぐらいの能力があったので，これまた大助かりであった．

Z80 CPUの詳細な論理設計が始まったのが5月の末であった．論理設計に際して，論理シミュレータを使用するかわりに，ブレッド・ボードを製作して論理を確認した．このとき，ザイログ社ではインテル社と異なるニーモニックを命令に採用したため，ローテーション命令の右と左が逆になるなどの問題が生じてしまった．レイアウトの途中だったので，すぐ修正をした．それこそあっという間に半年が過ぎ，11月にはすべてのレイアウト作業が完了した．

会社が設立されたばかりだし，小人数だし，スケジュールはきついし，とあまりのストレスのため，マスク・デザイナーの主任であったロン・ショウは，プロジェクトが終了すると同時にブラック・アウトといって意識を喪失してしまい，半導体ビジネスを離れて小さな店を始めるようになったし，ファジンは胃潰瘍になってしまったようだった．運が良いことに，そのときはまだ私には何事も起きなかった．もっとも，私にはZ80 CPUのデバッグそのものが待っ

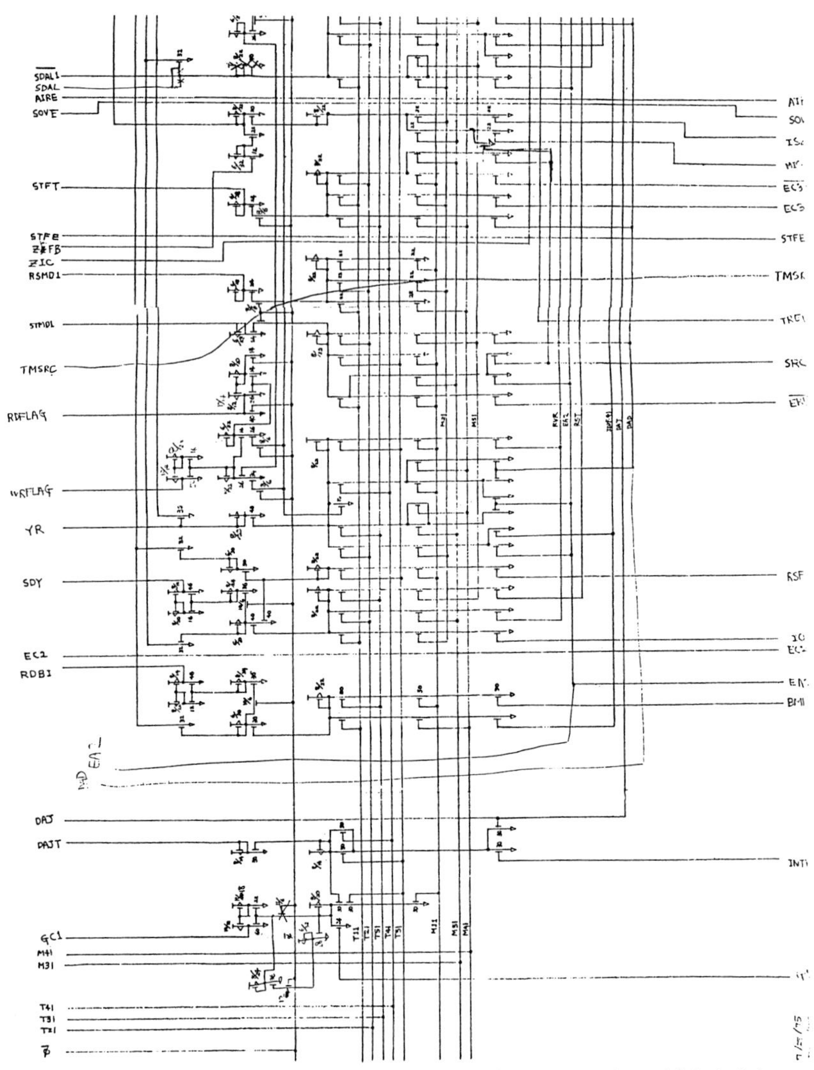

図 42　Z80 CPU の回路図の一部．回路は命令の実行制御部であり，デコードされた命令群とタイミングの AND 論理をとっている部分である．ランダム論理方式が採用されてはいるが，回路もレイアウトも非常に規則正しく設計されることが図面を見れば予測できる．ただ，標準セルを使った設計ではないので，各トランジスタにはすべて指定寸法が記入されている．

ていたせいか，緊張感はまだまだ消えなかった．

ただ，設計しているときは，ほとんど毎日といっていいほど昼食に出掛けたりして，和気あいあいと仕事をした．ときどきはビールを飲みながらのちょっと長い昼食を取ったりしたが，酒にはそんなに強くなかったので，昼食後は自室に籠り1時間ほどブラブラしたりした．

最初のウェーハが出てきたのは1976年の1月だった．この年は特に寒く，真夜中までかかって機能を確認したことを記憶している．ウェーハができあがってくるまでに，機能試験のためのテスタを一式作るのだが，会社が設立されたばかりで資金的に決して豊かではなかったためか，ウェーハを操作する顕微鏡付きのマイクロ・マニピュレータをウェーハを作ってくれる会社から借りることにした．ところが，いざウェーハができ上がる時期になると断わられてしまった．これは一大事だと，さっそく買うことになったのだが，たった1万ドルだからすぐ買えると思ったら，個人に信用があっても会社の名前はほとんど誰も知らないし，信用もまだ全然なかった．最後にはエクソン社に頼んで信用保証をしてもらい，ウェーハが出てくる前の日に配達された．そのくらい，マイクロプロセッサは工業界にあってはまだまだマイナーだったのである．

ウェーハは午後遅く届き，テスタのセット・アップが5時頃に終わって，6時頃から機能の確認を開始した．このチップに社運がかかっていたので，ほぼ全員が集まり，私の一挙手一投足に全員の目が集中した．これはものすごいプレッシャーであった．このため私は非常に緊張してしまい，「もう部屋から出ていってくれ」と叫びたいくらいの重圧を感じた．しかし，私は常にラッキーというか運が強いというのか，いつも運がむこうからやって来てくれた．このときもほぼ完全に動作するチップを最初のウェーハの2番目の選択で得られた．運の悪い人は何日も何日もやっても動作するチップが見つからない場合がよくあったのである．

最初のウェーハにはほとんど問題がなく，3月には完全なものができた．生産移行のために，生産技術部に非常によい人が配属され，チップの性能や電気

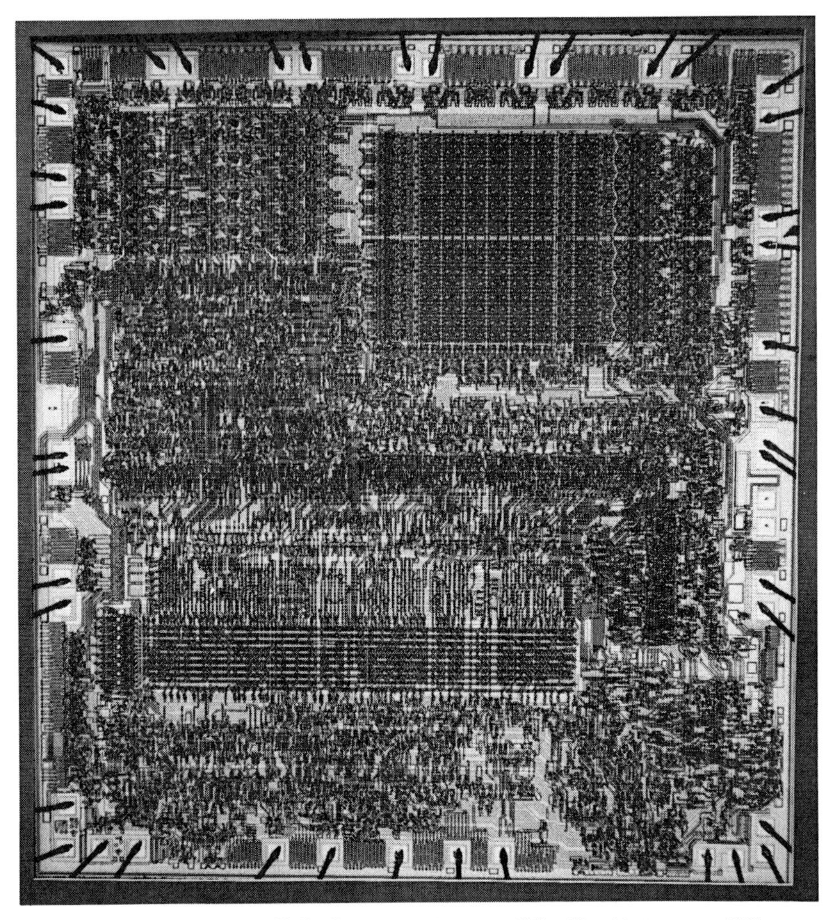

図 43　Z80 のチップ．8080 の設計で積み重ねたパターン設計のノウ・ハウが反映されており，そのレイアウトには洗練された美しさが見られる．

的特性試験が終わると同時に，私はプロジェクトから離れることになった．

8080 で協力してくれた精工舎に新製品を知らせたが，8080 の次の機種にはあまり興味がなかったようであった．そんなときに，ソードの椎名さんが「これは面白い，今すぐ欲しい」と現金で買っていったのを今でもよく思い出す．

ところが，セコンド・ソースがシネテック(Synertec)社からモステック(Mostek)社に代わり，5月に最初のウェーハが到着した．このときモステック社は，ザイログ社が供給したマスクを使用せず，オリジナルのレイアウト・データベースから自社で発注した新たなマスクを使用してウェーハを製作した．ところがマスクのチェックが不完全であったため，多結晶シリコン・マスクのある特定の小さな場所にホコリか何かが残ったせいか，あたかも多結晶シリコンが欠けているかのようにでき上がってしまった．まずいことに，その箇所は幅の広いメタルの下にあったのである．

モステック社製ウェーハがまったく動作しないとのことで，私はせっかくとった休暇中にもかかわらず会社に呼び戻された．Z80 CPU の仕事が終わる3月頃にサン・ノゼ市近郊のアルマデン・バレーに庭つきの家を買い，新築の庭作りに励んでいたときである．前の庭も後ろの庭も日本式庭園風に自分でデザインし，基礎から作り，8坪もある木のデッキも自分で作り，その頃はレンガの庭を作っているところだった．会社からの電話で，私は単純なテスタの調整の問題だと思って，大汗をかいたままの半袖の上着と半ズボンでオープン・カーに乗って家を出た．

会社についてさっそくテスタを調べたがどこもおかしくない．簡単なプログラムを走らせようと思っても，CPU は特定の箇所に来るとウンともスンとも言わなくなり，まったく動作を拒否しているように見えた．ただ特定の命令でおかしくなることが徐々にわかってきた．そこで，テスト・プログラムを変えつつ問題の箇所を少しずつ絞っていった．結論に達したのは夜中の4時を過ぎていた．会社に残っているのは生産技術部の担当者と，ファジンと私だけであった．ファジンの目が，特に左の目が，真っ赤に充血していたのを今もよく思い出す．ただちに顕微鏡でチップを調べる．わずかにメタルの下に多結晶シリコンの欠如が，影のように光線の与え方で見えた．ここまでで私の集中力は絶えてしまった．生産技術の担当者に，メタルを剝がして確認すると同時に，翌日モステック社に電話を入れ，大至急マスクを詳細に調べるよう依頼して，帰宅することにした．モステック社はなかなか信用してくれなかったとのことである．この事件で私の名がまた表に出るようになってしまった．おかげで私はひどい風邪をひいてしまい，2,3日寝込んでしまった．

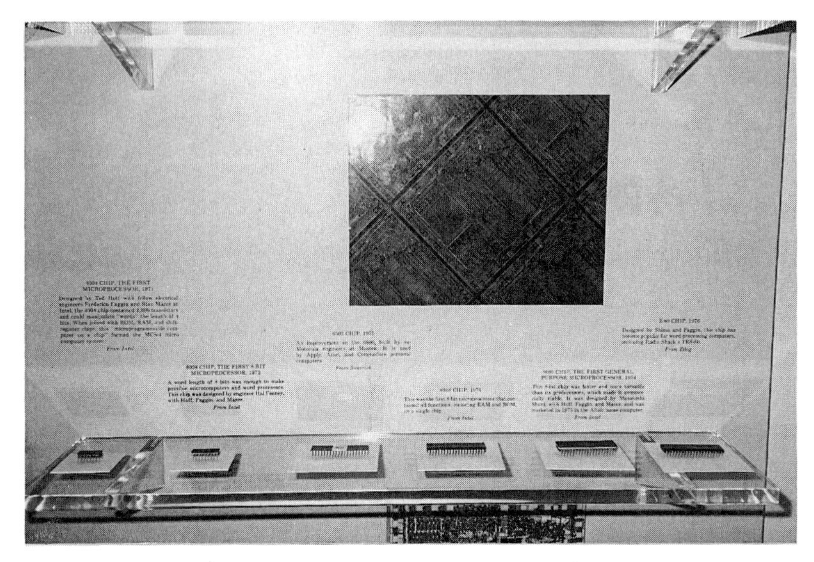

スミソニアン博物館に陳列されたマイクロプロセッサ群．左から4004, 8008, 6502, 8048, 8080, Z80．正面の写真はZ80.

[7] Z8000の開発

1 16ビット・マイクロプロセッサの開発競争

Z80の開発が終了し，ザイログ社はいよいよ新世代のマイクロプロセッサの開発に着手しようと動き出した．それは1976年の7月であった．私が7月まではZ80のペリフェラル・チップの開発で忙しかったことと，アーキテクチャ技術者の入社を待っていたからである．

7月に入ると，フランス人で，アムドール社のアーキテクチャ・グループで働いていたプトーが開発メンバーとして入社してきた．この時期には各社とも16ビットのマイクロプロセッサの開発にすでに着手しているか，しようと計画中であった．特筆すべきは，コンピュータそのものや，コンピュータの応用にかなり詳しいコンピュータ・サイエンス(情報処理工学)出身の技術者が，それまでの電子工学出身の論理・回路電子技術者に代わって，16ビットのマイクロプロセッサのアーキテクチャの開発を担当するようになったことである．

コンピュータ・サイエンスを学校で学んだことのなかった私には，「黒船の到来」のように新鮮な感覚でコンピュータ・サイエンスを受け入れたが，反面ではおそろしい時代になったとも感じられた．特にコンピュータ・サイエンス出身の技術者が使う言葉がわからなくてたいへんに困った．さっそくいろいろの本を山と買って，一夜漬けではすべてがわかるわけでもなかったが，とにかく勉強を始めた．同時に，DEC社製のミニコンピュータPDP-11のメモリ・マネージメント機能をもつ上位機種や，IBM360の勉強に熱中した．特にPDP-11を時間を十二分に使って勉強した．

Z8000の開発で最も多くのエネルギーが費やされたのは，どのような新世代の16ビット・マイクロプロセッサを開発するかではなかった．最大の問題は，Z80からの別れ(farewell)であった．Z80はすでに広く市場に受け入れられつつあった．そのZ80との互換性を保つかどうかが，開発会議における最大の議題だったのである．また，本格的なデータ・プロセッシングに使用されるような高級16ビット・マイクロプロセッサの市場規模がはっきり予測されなかったため，決断はなかなかできなかった．当時はまだグラフィック(図形処理)への応用が大きくは期待されていなかったため，64キロバイト以上のデータやプログラムの処理を，当時のコンピュータの延長線上で考えていた．

時間がまたたくまに過ぎていってしまった．ザイログ社はこの時期に本社をロス・アルトス市から隣のクパチーノ市へ移し，同時にウェーハ工場を持った本社ビルを建設した．一時は3つのそれぞれが離れたビルに分散して働いていて，コミュニケーションは極端に悪くなり，開発促進メンバー間の人間関係も一触即発のような状態になってしまった．それは，どの市場をターゲットにするかで開発促進グループが3つのグループに分かれていたからである．それらのグループには，

(1) Z80と互換性を持たせた上位機種．ファジンが主張したもので，今日から明日へ向けての財産作り．

(2) シンプル16ビットCPU．アンガーマンと私が主張し，将来の16ビットCPUにも使えるような，柔軟性のある豊富な命令体系をもったCPUを開発して基礎を作り，同時に高速制御用コントローラとして位置付ける．

(3) 高級16ビットCPU．プトーが主張したもので，本格的なデータ・プロセッシング応用分野へ参入すべく，メモリ・マネージメントまで同一チッ

プ内に持った16ビットのCPU

などがあった.

それぞれの思惑とは別に，Z8000アーキテクチャの基本的骨格は1976年末頃までに完成した.「末頃までに」と表現したのは，その完成に紆余曲折を経てたどり着いたからである.

難しかったZ8000の開発

議論をかなり長い間繰り返した後，本格的な16ビットのマイクロプロセッサを開発することに決まった. Z80の上位機種は時間的にまだ早過ぎたし，単純な16ビットではすでに開発後期にある8086に対抗できなかったからである.

最初に提案されたアーキテクチャによると，16ビットの汎用レジスタが16個あることを除けば，現在の8086のリロケーションのやり方(数個のセグメント・アドレス・レジスタがあり，それらが命令コード，データ，スタック・ポインタ用にそれぞれ割り当てられている)と非常に類似していた.

このリロケーションのやり方は，やがて現在の汎用性のある使いやすいセグメント方式に変更される. このリロケーション方式の決定にもZ80の存在が非常に大きく影響を与えたのである. すなわち，開発を始めたときには，ただもう少し広い物理的なメモリ・アドレスが使用可能であれば，それで十分であるという意見が大勢を占めていた. Z8000は決して自由な立場からの開発ででき上がったものではないのである. このことから，アーキテクチャ並びに論理設計途中におけるアイデアの頻繁な変更に陥ってしまった. そして6か月以上の遅れがスケジュールに生じ，かつアーキテクチャ・グループと設計者グループ間の対立に発展してしまった.

当時，ザイログ社内には，マイクロプロセッサの応用に対して異なる2つの意見が存在していた. 1つの意見は開発中のZ8000の仕様を単一処理に適するようにし，かつ大量に安く売れるようにチップ・サイズを抑えることを要求していた．一方，2番目の意見は，本格的にEDP分野(データ・プロセッシング)に乗り出すため，多重処理が十分に可能なマイクロプロセッサを開発すべきであると主張していた．

このような意見の対立のため，システムとユーザー向けの2つの別々のスタック・ポインタの設定は，否定されたり採用されたりの繰り返しであった．汎用レジスタの名前の付け方も，Z80で使用したニーモニック(名前)を保つように要求するグループと，もっと標準的な名前に変更するように要求するグループに分かれ，かなりの予想以上の時間が製品の仕様の定義に費やされた．

対立はあったものの，Z80と比較して斬新なアイデアがZ8000には盛り込まれた．それは，大型コンピュータのアーキテクチャ技術者がマイクロプロセッサ開発へ投入されたことによるところが非常に大きかった．

ただ，ここに困った現象が多数現われた．まず，仕様書がソフトウェア技術者用に作られていて，細かなハードウェア的な仕様がほとんどと言っていいほどに無かったことである．次に，仕様の速度の要求がECL(Emitter Coupled Logic)などの高速素子を使うようになっていた．さらに，あまりにも制限のない命令群(アドレス指定方式，データ長など)を目指していたため，不必要な組み合わせが多数出現し，かつ基本的な命令セットを実現させるための命令コードが20ビットを越してしまった．これは，プトーがアムドール社でIBM互換機を長い間やってきたためらしい．一般にIBMコンピュータは命令コードが非常に長く作られている．これでは効率のよいプログラムを期待することはとても無理であった．また，セグメンテーションのアイデアが開発後期にもなかなか固定されなかったことがある．このため例えば，スタック・ポインタのセグメント・レジスタが汎用レジスタ内のスタック・ポインタとペア(32ビット長)として組み込まれておらず，しかもペアで格納できないため，内容の変更中に割り込みが生じると破壊されるようになっていた．この点は，反対を押し切ってセグメントを32ビットのペアに組むことと，32ビット演算命令を新設することによって解決した．

このように初期の骨格はアーキテクチャ・グループが提出したものの，具体的で詳細な仕様はすべて設計者が決定せざるをえなかった．このために，約6か月間の月日を費やしてしまった．ほとんどの機能の仕様が決まったのは1977年の1月である．

アーキテクチャを検討するにあたって，スタンフォード大学で研究された結果を利用した．それは，インテル社の8080マイクロプロセッサやDEC社のミニコンピュータPDP-11のダイナミック・メジャメント(動的解析・計測．命令コードの速度に対する効率)とスタティック・メジャメント(静的解析・計測．命令コードのプログラム容量に対する効率)の結果であった．その結果を利用すると，どのような命令セット体系でどのような命令コードを割り当てれば，アプリケーション・プログラムのプログラム容量が減り，かつ速度が上がるかが調整可能となる．しかし，アドレス指定方式を含んだ命令セットの豊富さと柔軟性を持たせつつ命令コードを決めることは，非常に興味があり面白かったが，非常に難しい仕事でもあった．

最終的には，命令のフォーマットは16ビット単位に増える命令形式を採用した．この方式は8ビット単位に命令が構成されているインテル社の16ビットのマイクロプロセッサ8086と比較して，大幅な相違がある．すなわち，命令の先取りを必ずしも必要としない．「必要としない」というのは適切な表現ではなく，命令の先取りが可能なほどの高速のMOSプロセスがザイログ社にはなかったのである．当初予定されていたザイログ社のMOSプロセスは，インテル社のHMOSと比較して一世代昔のものであった．その後，私たちの設計者側からの要求で改善されたものの，速度・電力積や密度の点で約15%から20%ほど悪かった．このため前述のような命令フォーマットの採用になったのである．

さらに，命令のフォーマットを注意深く決定し，すこし余分のゲート数の論理を使用すれば，4 MHzのクロックでも十分に5 MHz用8086に追いつけ，その上，必要なプログラム・メモリ・サイズも確実に8086以下になると確信

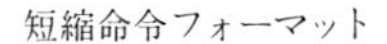

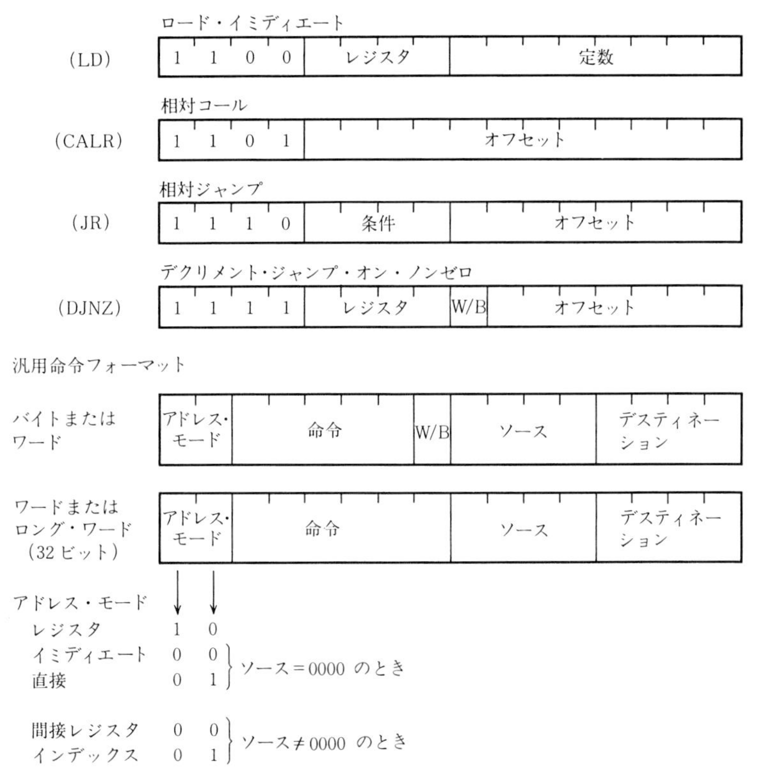

図 44　Z8000 の命令フォーマット．プログラム容量の減少や高速プログラム実行のために，短縮命令フォーマットが用意されている．また汎用命令フォーマットでは 8, 16, 32 ビットのデータ長が自由にとれ，アドレス・モードも自由に選択できるように工夫されている．

された．実際にチップが出てきて比較したときには，単純な命令でも 20% 以上速いスピードが得られ，複雑な実際的なプログラムの場合にははるかに速い結果が得られた．

Z8000 CPU には，Z80 CPU と同じくランダム論理方式が採用された．設計開始が 1977 年 4 月と決まっており，基本方針が Z80 CPU の改良ということで，当初 Z800 と言う製品名を用意していたぐらいである．しかし，論理，回路，

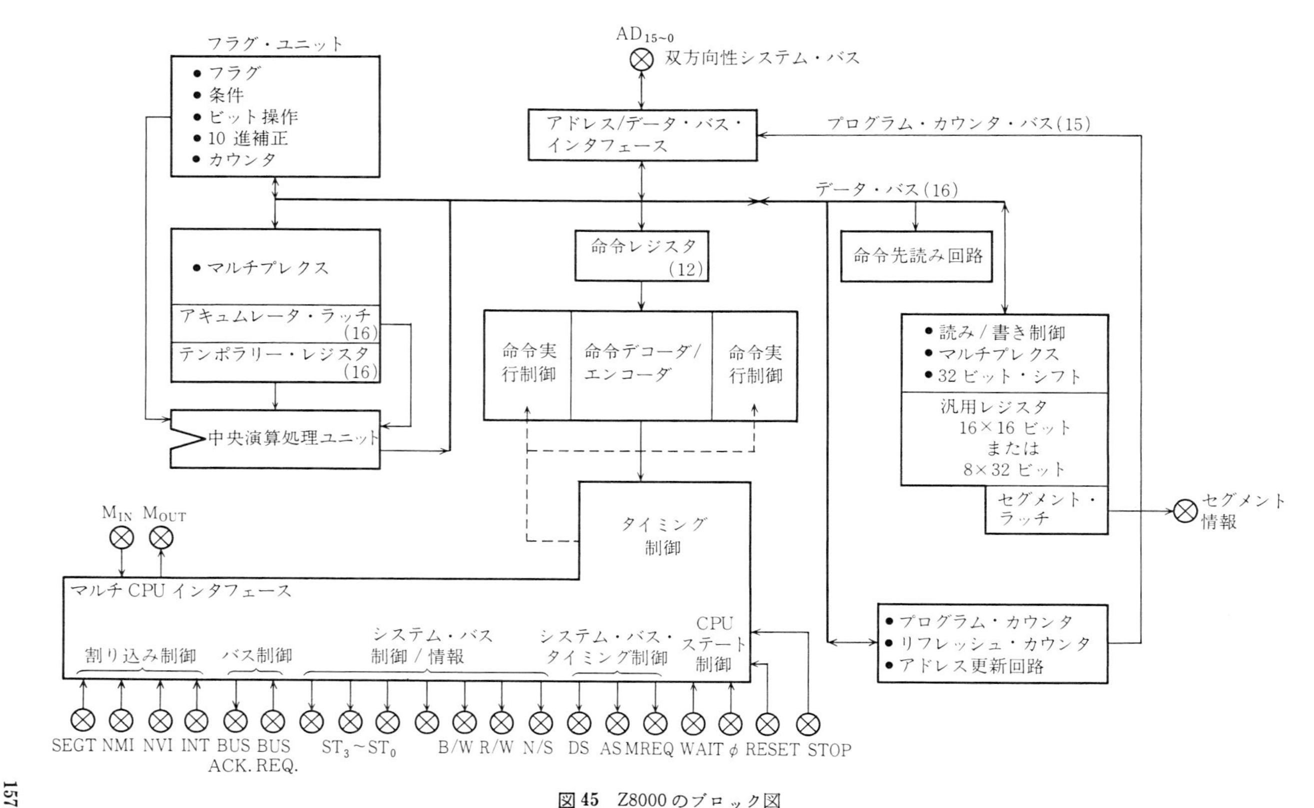

図 45　Z8000 のブロック図

マスクなどの設計に十分な技術者は予定されていなかったし，途中で増員もされなかった．CAD も回路シミュレーションだけが使用可能であるにすぎなかった．回路シミュレーション用プロセス・ファイルが，部下の新人の技術者であるパテルによって完成されたのが 3 月末であり，さらに悪いことに，論理を確認するためのブレッド・ボードの作成も許可されなかった．

すなわち，とても数万トランジスタの非常に論理の複雑な LSI を開発するような状態ではなく，Z80 CPU 開発時より劣悪状態で開発がなされた．また 4 月以降も論理設計の途中で仕様に問題が生じて，とてもハードウェア・アーキテクチャを考慮するような余裕が持てなかった．結局，午前中は設計の仕事をし，午後は討論，そして夜はまた設計をするということになってしまった．

ただ，カリフォルニア大学バークレイ分校の半導体課程を修士で卒業して入社した，パテルという，卒業したてだが非常に優秀な技術者を採用できたことが，Z8000 マイクロプロセッサを完成へ導いてくれた．パテルは非常に優秀で，回路シミュレーションのモデリングやパラメータの設定を初め，回路設計ハンドブック作り，回路設計，レイアウト検証にと，随分と活躍してくれた．プロジェクトが終わる頃には，一流の LSI 設計者になってくれた．若い技術者を一流の開発設計者に教育することは難しいことだが，楽しいことでもあった．

論理シミュレーションのためのコンピュータがないと，組み上げられた論理をすべて覚えておかないと論理の変更時にたいへんなことが起きてしまう．一般的に言うと，論理設計でよく間違いが起きるのは，誰にでもできそうな非常に簡単な論理を有する箇所か，または，仕様の変更のために論理にも変更が生じたときである．設計をしたときには 10 の条件を考慮に入れておいても，変更時にはわずか 5 つか 6 つしか条件が思い浮かばない．人間の頭とは，そのように非常に集中したときと，ちょっと急いで慌てて時間に追い立てられて考えたときとでは大きな差がある．

ただ，アイデアを熟成させるためには，時間をかけるとともに精神を極度に論理的に集中させなければならない．さらに，最終的に決断するためには考えられるすべてを短時間に感覚的に昇華させる必要がある．したがって，当時のコンピュータの最大の使用目的は，論理の変更時に最初に十分に考えて設計したときの条件と論理を，非常に簡単に瞬時に読み出し，新しく組み立てた論理や変更された論理の検証ができることであった．ザイログ社ではコンピュータが買える資金もCADの将来的な展望もなかったため，コンピュータの代りと教育を兼ねてパテルにすべての論理を教えることにした．

パテルはインド人で，土曜日も出勤したりして非常に熱心に仕事をしてくれた．ただ，菜食主義者であり，昼食に皆で出掛けるときにはチーズと牛乳以外には動物性食物はとれないので困ってしまった．長い間肉を食べていないと，体のなかに肉を消化する酵素がなくなってしまうようである．そして，1か月か2か月に1度の断食の日には，コップ1杯のジュース以外には何も食べないので，朝からフラフラとして，考えること，会議，討論や，設計などはほとんど仕事にならなかった．それでも，朝から一生懸命仕事をしようとしているのを見ると，宗教とは実に強いものであると認識させられた．パテルとはインド料理やメキシコ料理をよく食べに行った．ヨーグルトを食べられるようになったのはこの頃からである．もっとも，ヨーグルトがインドでこれほどポピュラーな飲み物であったり，三角形の形の春巻がインドにあるとは夢にも思わなかった．そういえば最初に渡米したときには，おびただしい種類のヨーグルトがスーパーマーケットに陳列されていたのには驚いたものである．

パターンの設計は1977年6月に開始された．この頃になると多くの東洋人が半導体の開発に参加するようになった．中でもベトナム戦争の後遺症のためか，アメリカの国策にそって多くのベトナム人がアメリカにやってきて，中国本土出身の中国人とともに，パターン設計者の職に就いた人も多かった．高校をやっと卒業できたアメリカ人と比べて，採用されるベトナム人はインテリジェントで優秀な人たちであったせいか，仕事には積極的でしかも一生懸命やり，非常に素晴らしいパターンの設計を見せてくれた．中国人はコニー・ツェ，ベトナム人はドグである．

Z8000とは何か

マイクロプロセッサの設計において重要なことの1つに，命令フォーマットの決定がある．と言うのは，チップ・サイズや速度に多大な影響を与える論理の複雑性は，命令フォーマットに起因することが大いにあるからである．また同時に，将来への拡張性を考慮に入れて決定しなければならない．もし，命令に使われるバイト数に制限がなければ，プログラムの設計の容易さのために，整然とした規則性のある命令フォーマットを採用するのが最も好ましい．今日の16ビット・マイクロプロセッサの要求を満たすためには3バイトが必要とされる．残念なことに，命令に使用するバイト数は短ければ短いほどよいので，適切化(オプティマイゼーション)が非常に重大になる．命令の規則性とは，すべての命令において，すべてのアドレス指定方式が可能であり，かつすべてのデータ長を使用可能にすることである．

インテル社の8086のようにバイト単位で命令の長さを決めることができるならば，統計から割り出した重要性に基づいてアドレス指定方式を2つに大別できる．頻繁に使用されるレジスタ・アドレス，直接アドレス，データ直接などのアドレス指定方式を持った命令は2バイト長にし，その他は3バイトにする．このようにすると命令の規則性を保ちつつ，プログラムのサイズを減少するのに大きく貢献する．ところがこれは短所も大きく，命令レジスタの制御，命令解読や，プログラム・カウンタ制御などが複雑になる．また，相対アドレス指定方式やCALL命令を実行するときに，もとのアドレスの内容がジャンプ先のアドレスの計算のために要求されるため，速度が遅くなる．特に，オペレーティング・システムのプログラムにおいては，6ないし8命令ごとに1回はジャンプ命令が実行されることがよく知られており，注意する必要があった．外部メモリが2バイトのワード単位に構成されているため，ジャンプ後の命令のメモリからの読み込みにメモリ・サイクルを2回行なう必要が生じる場合がある．そのため，高速に命令を実行するためには，命令の先取り機能(インストラクション・プリフェッチ)が必要不可欠になり，プログラムの分岐が頻繁に起きるとその効果は逆に半減してしまう．また，命令の解読をバイト単位で行なうため，将来的にはものすごく速い半導体プロセスが利用できないと，命令の解読そのものが速度のボトル・ネックになってしまう．

もし命令を先取りしていると，ジャンプ命令で分岐するようであれば，今まで先取りした命令が無効になるばかりでなく，それらの命令を先取りした際のメモリ・サイクルが無意味になり，実質的メモリ・バス・バンド・ウィドスを低くしてしまって，メモリ・アクセスの効率をかなり悪くしてしまう．不必要に命令を先取りすると，システム・バスを必要以上に占拠してしまい，DMA機能などに支障をきたしてしまう．Z80 CPUでは，システム・バスの65%から70%が命令の読み込みやデータの転送に使われているが，Z8000 CPUでは80%から85%と予想した．このような仮定を設けると，残った時間がDMA機能などに使われるとすると，命令先取り機能が本当に必要かどうかは使用することができるハードウェアの量によって決まる．

Z8000 CPUでは命令の先取り機構を設けるかわりに，全体的な速度の向上やプログラムのサイズの減少に大きく貢献した次のような命令を新たに増やしている．

- 豊富な32ビット演算命令
- マルチィプル長のデータ転送
- Nによるインクリメント(Increment by N)
- 豊富なストリング命令
- メモリ間の論理演算を含むデータ転送
- OSをサポートする命令

また，Z8000 CPUでは，制御の容易なワード単位で命令長が増加する方式を採用した．前述のように，8080マイクロプロセッサやミニコンのPDP-11の使用の計測の分析結果に基づいて，命令フォーマットに種々の工夫を取り入れて最適化を計った.

まず，プログラムの高い効率や高速化のため，スタック・ポインタやプログラム・カウンタを含む使用可能な汎用レジスタを16本用意した．内部の汎用レジスタの本数が増えれば増えるほど外部メモリへのアクセスが減り，より高速が得られる．次に，命令の拡張性と命令の解読の容易さのために図44のような2種類の命令フォーマットを採用した．1つ目は，速度とプログラムの短縮化に大いに貢献した短縮命令フォーマット(タイト・インストラクション・フォーマット)であり，重要な相対ジャンプ，相対コール，直接データ・ロードとプログラムのループに使用するデクリメント・ジャンプ・オン・ノンゼロなどの命令がある.

2つ目は，汎用命令フォーマットである．まったく自由な組み合わせは効率化のためには不可能であったため，各々の命令に対してアドレス指定方式にある程度の制限を設ける必要があった．すなわち，アドレス指定方式の重要さが各々の命令によって異なっているのは事実であった．したがって，まず5つの重要なアドレス指定方式(レジスタ，レジスタ間接，データ直接，直接，そしてインデックス)が選ばれ，ローテート命令などごく少数の例外を除いて，図44のように，5種のアドレス指定方式を2ビットで実現させることが可能になった．次に，データのメモリからの(への)読み出しや書き込みには，ベース，ベース・インデックスとリラティブ指定方式が利用できるようにした．さらに，レジスタ，直接，インデックスなどのアドレス指定方式が選択されたり，命令が短縮フォーマットであったり，2オペランドであったりすると，命令が命令レジスタに読み込まれる前に命令を解読する高速ルック・アヘッド命令解読器を利用して，重要な命令が非常に高速に実行されるように設計した.

命令フォーマットの選択がうまくいったためか，データ長には関係なく32種類の2オペランドの命令が可能となり，そのほかに16種類の1オペランドの命令が可能になった．さらに64ビットの命令も多数用意できるようになった.

図 46　Z8000 のチップ．ボンディング(ワイヤ線)の変更により，同一チップで 2 種類の CPU が製造された．1 つは 64 キロバイトのメモリ空間しかない単純な 16 ビットの CPU で，高速コントローラに使用された．もう 1 つはセグメンテーションが可能で 8 メガバイトのメモリ空間を持っている 16 ビットの CPU で，データ・プロセッシング用に使用された．

1976年夏に開始され，翌年の初春に設計が開始されたプロジェクトも，1978年の夏にはマスク設計も終了し，ウェーハが10月にでき上がった．このプロジェクトほど精神的にも肉体的にもたいへんな疲労を設計者に与えたものはなかった．このときは設計が終わったときにはすっかりくたびれが出てしまって，その反動のせいか，設計を担当した6人で設計終了日に飛び切り上等のフランス料理を食べに行った．

4 デバッグの方法も変わった

この頃になると，設計技術が向上したせいか，あまり大きな，または根本的な論理の間違いは生じなくなった．設計と並んで重要になってきたものは，チップのデバッグ用や生産用のテスト・プログラムの作成であった．このため，ソフトウェア技術者を使って新しいタイプのテスト・ベンチを開発した．それは，マイクロプロセッサ・システム開発支援システムが持っているもろもろのブレーク・ポイント，トレースやラーニング・モードなどの機能を持った，しかもソフトウェア指向のデバッグ・システムであった．1つの命令を実行させると同時に，マイクロプロセッサ内部のすべてのレジスタを外へ読み出したり，または新しいデータをセットしたりすることが可能だったり，テストをしているチップのすべてのピンの情報をRAMやフロッピー・ディスクに格納することができ，良品との比較もフロッピー・ディスクに格納してあるデータを使用して容易にできた．これらの機能により，チップのデバッグは非常に容易にできたし，テスト・プログラムの作成も容易に実現できた．

開発の方法論や設計の方法は，この10年，高機能のマイクロプロセッサ(8ビットから16ビットへ)の開発や新世代のCADの導入によって大きな成長が見られたが，マイクロプロセッサのテスト・プログラム生成についてはほとんど進歩が見られなかった．この頃から，問題はチップのハードウェアをいかにデバッグするかよりも，いかに素早くすべてをカバーしているテスト・プログラムを作成するかであった.

ウェーハのデバッグそのものは，いくつかの決して小さくない誤りがあったせいか，誤り(バグ)の原因を見つけることは決してやさしくはなかったが，デバッグそのものはソフトウェア指向テスト・ベンチのせいか快調に進めることができた．保護機構としてシステム・ユーザー・モードがあり，64キロバイトのメモリしかアクセスできないメモリ管理機構のない48ピン・モードと，メモリ管理機構のある68ピン・バージョンありというように，モードの切り替え時のデバッグのやりにくさには音をあげることもかなりあった.

これからのマイクロプロセッサ

1 開発からの引退と帰国

1979年2月には，Z8000 CPUの第2回目のウェーハができ上がり，ほとんどの問題点が解決した．このとき，私の娘たちは5歳になっており，翌年は小学校への入学を控えていた．1972年にアメリカに渡るときに妻に，「4年間自分のやりたいことを自由にやってみたい」と言ったのを思い出し，日本に帰る決心をした．もう十二分に自分のやりたいこともやり，お金は少ししかためられなかったが，実績を上げ，名も一応上げられたので，アメリカには思い残すことはなかった．

たまたま，インテル社で一時期私のマネジャーであったJ. C. コーネイが，第1世代の32ビットのマイクロプロセッサである432 CPUを完成させるために，オレゴン州のポートランド市の近郊にあるアロハ市に転勤するところであった．私も日本に帰ることになり，一度会うことになった．ちょっと別れの挨拶と思ったのが，LSIの開発の方法論や設計へと話しが進み，最後はインテル社に戻る話になってしまった．特にインテルのCADや開発の方法論が，私が長年考えていた方向へ着実に進んでいることがわかり，インテル社のデザイン・センターを日本に作るという条件でインテル社に戻ることになった．

この時期，ザイログ社ではファジンとアンガーマンの関係が悪化してしまい，落ち着いてLSIの開発ができる状態ではなくなった．半導体事業を推すファジンと，システム事業にもっと力を入れたいアンガーマンの間で意志の統一がとれておらず，戦略に統一性が欠けてしまい，とうとう最悪の状態である主導権に対する権力争いが始まってしまった．このことも私を日本に帰る決心を強いものにさせた．権力争いはトップばかりでなく，その次のレベルまで巻き込んでしまった．あるときは，Z8000 CPUのクレジットを，設計にはまったく参加しなかったプトーに与えたり，今度は開発部門の反発を食うと，それは私に回ってきたり，いわゆる考えられるすべての醜さが表に出てしまった．最終的には，『エレクトロニクス』誌やIEEEの『スペクトラム』誌が，好意的に私が書いたZ8000 CPUの論文を大きく掲載してくれた．

これで，1969年に始まり，10年間続いた私の新世代マイクロプロセッサ開発への関わりあいは，まったくと言っていいほどなくなったのである．いわゆる主流から遠ざかったわけである．今から思えば，考えずに決断してしまった，私の人生最大のミステークであっただろう．少し速いピッチで大きな仕事をしすぎてしまったようである．

もっとも私だけが主流から遠ざかったのではなく，マイクロプロセッサ開発に従事したほとんどの人々が第一線の開発の仕事から遠ざかっていったのであった．最後にシリコン・バレーのアルマデン・バレーに住んだのだが，斜め向いに住んでいたのがモトローラ社で8ビットのマイクロプロセッサ6800 CPUを開発した技術者であった．1977年にモトローラを退職し，テキサス州よりも自由な雰囲気のあるカリフォルニア州のシリコン・バレーに転住し，マイクロプロセッサの開発はおろか半導体業界からも奇麗さっぱり引退して，貸しトラックや貸しトラクターなどの商売を始めた．どちらかというと無機質的な仕事から，有機的なより人間的な仕事へと移っていきたかったのかもしれない．自分の深層的な部分では賛成したり同意したりできても，1回しかない人生を十二分に生きていくには，自分で自分の人生に幕を下ろしてしまったようで非常に残念であった．もっとも，私にしても日本に帰ってデザイン・センターを開設し，開発の仕事から引退して設計の仕事を始めようとしたのだから，彼と似たり寄ったりだったのかもしれない．

準備を整えて帰国したのは1980年3月中旬であった．4月にデザイン・センターを茨城県土浦市に開設し，やがて，翌年の11月に科学万博が開かれた土地の隣接地の豊里町の研究団地内に，社屋を建設して本格的な設計業務に入った．

これからのLSI開発

4004などの第1世代マイクロプロセッサの出現によって，従来はTTLなどの小規模集積回路(SSI)で製作していた回路網を，プログラムで置き換えることが可能になった．次に8080などの第2世代の出現によって，マイクロプロセッサがEDP分野へ本格的に応用され始めた．ただ，この時期までのマイクロプロセッサ開発に使われたト

表8　各チップの比較

チ　ッ　プ	8080	Z80	Z8000	8086
発　表　年	1974	1976	1979	1978
MOSプロセス技術	nチャネル・シリコン・ゲート 高電圧	nチャネル・シリコン・ゲート 低電圧(ディプリーション負荷)	スケール・ダウン nチャネル・シリコン・ゲート	HMOS
8080を1としたときのプロセスのスケール・ファクタ	1	0.70	0.44	0.37
命令の種類				
命令/データ長/アドレス・モード	65	128	414	613(28)
チップ・サイズ(mm²)	22.3	22.2	39.3	33.4
合計トランジスタ数	4,800	8,200	17,500	20,000 (29,000)
命令の制御部を作るために使用されたトランジスタ数	1,800	3,700	8,600	
チップに占める割合(%)	31	36	40	42
使用可能な面積に占める割合	37	44	47	52

ランジスタ数は8080で4800個であり，ゲート数に換算して1600個，SSIに換算して400個であった．このうち命令を作るために必要な制御用論理に使用したSSIはわずか200個にも満たず，特別の論理シミュレーションは必要ではなかった．すなわち，人間による確認でも十分に事足りたのであった．この頃までの集積度では通常2回目のウェーハで開発が終了していたし，1回のデバッグや修正に長くても3か月はかからなかった．

Z80 CPUの開発が始まった1975年までは，CADは回路シミュレーションが主であり，費用としては200万円(このときは1ドルが250円)であった．また，開発に要する技術者は，マスク・パターンの設計者を含めても40人・月で足りており，間接費を含めても約4000万円ほどであった．この頃までは設計されたものを人間がチェックすることが可能な時代であった．事実，パターン設計後のチェックについては，コンピュータを使用したCADがまだ開発されておらず，それを人間の目で行なう専門家がいてかなりの高給を取っていた．私の場合だと，5000から6000個のトランジスタであれば，論理そのものばかりでなく，回路図やパターン図がグラフィック的に完全に頭に入っており，どのような論理がどの図面のどこに描かれているか，レイアウト上のどこにどのような形で描かれているかを，頭から自由に取り出して使うことができた．しかし，一般の技術者にはとても無理だったようである．しかし，このくらいの論理，回路やパターンの情報が頭に入っていないと，設計の品質を上げるための最適化作業ができない．

ところが第3世代の開発に入ると，設計そのものは何とか人間がやれたが，設計されたものを人間がチェックすることはほぼ不可能に近いほどの集積度(Z80 CPUと比較して約3倍の論理量)に達していた．特に，コンピュータを使用すると，仕様の変更や考え違いによる論理の変更時に，設計されたときの条件を間違いなく再現できるので，大いにその力を発揮した．このため，半導体メーカーや，特殊なソフトウェア会社やコンピュータ計算センターは，回路シミュレーションのほかに，レジスタ・レベルやゲート・レベルでの論理シミュレーション，回路図とマスク・パターンの一致をチェックするプログラム，半導体プロセスで決まる規則通りにマスク・パターンが設計されているかどうかをチェックするCADなどを提供するようになった．

論理シミュレーションだけ考えても，第3世代(16ビットのマイクロプロセッサ)の開発では，コンピュータ使用時間はIBM370/168に換算して約40時間，そして第4世代の開発にはゲート・レベルの論理シミュレーションだけでも約4倍の計算時間が必要と予想された．またその開発のためのブレッド・ボードの作成はほぼ不可能とされた．現在では，開発支援システムと同様な機能を高級言語で作り，論理シミュレータと組み合わせて，あたかもブレッド・ボードを作成したかのように論理のシミュレーションができるようになった．

また，CADの一部として，グラフィック・システムによるマスク・パターンの設計が直接行なわれるようになった．このグラフィック・システムへの移行は，従来マスク設計者がマイラ紙上に描いていたパターン図をコンピュータに入力する(ディジタイズ)ことによって生じる間違いをなくすためだけでなく，やがて実現されるであろう自動パターン設計への移行をすみやかにするという目的を持っていた．ところが，CRTディスプレイの大きさが19インチか21インチぐらいで，1画面に1000ドット×1000ドットの情報しか表示できず，あまりにも情報量が少なすぎるため，全体のパターンのプランがよく理解されていなかったり創造力が乏しかったりする場合には，CRTの画面上では大きなパターンの設計はとても無理であった．事実，創造力が優れていないパターン設計者や技術者では，素晴らしいパターンの設計はできなかった．

さらに，現在までに開発されたCADは本当の意味での「Computer Aided Design」ではなく，設計はあくまでも技術者が行ない，CADは設計されたものの確認にしか利用できないのである．3，4年前に，技術者が設計の道具として使えるようになるまでには3，4年かかると予想したのだが，1987年1月現在において，残念ながらほとんど進歩はなかった．世の中にシリコン・コンパイラなどの新世代のCADが紹介されるようになったが，非常に制限のある

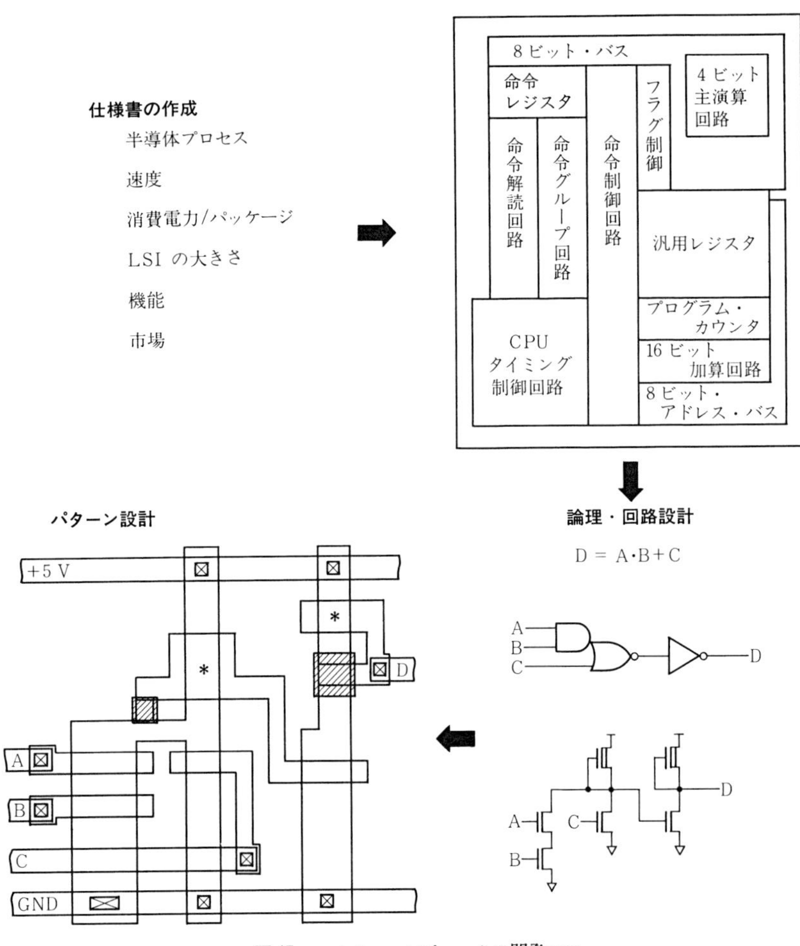

図47　マイクロコンピュータの開発フロー

CADができ上がっただけで，設計の道具としては使うことができても，各々の個性のある開発技術者の特性を生かさなければならない開発の仕事には，上手に利用できなかった．

個人的な意見では，現時点のいわゆるシリコン・コンパイラとは，シリコン・アセンブラないしはマシン・ランゲージ(機械語)というのが適切であろう．すなわち，人間が考え，作り出したデータベースを，単に集積化しただけの程度のような感じが強いように見受けられる．LSIの設計もソフトウェアと同じく，機械語(人間の手による)の使用から，アセンブラ(現在のいわゆるシリコン・コンパイラ)，コンパイラへと移っていくであろう．個々の開発技術者の設計ノウ・ハウがデータベースとして登録できるようになり，さらに真の意味でのコンパイラができ上がると，システム技術者にもLSIの設計ができるようになるかもしれない．

またCADの導入によって，CADシステムのみならずCAD技術者と保守要員が必要になるので，それによる開発費用は，同一の集積度のマイクロプロセッサをCADなしで開発する費用と比較して，約2.5倍ほどに上昇する．このような高価なCADを導入する理由は，人間による確認がほぼ不可能になったことのほかに，開発時に生じる仕様の変更や設計の間違いによる論理・回路・パターンの変更に，大いに役に立つからである．例えば，回路図と設計されたマスク・パターンの一致の比較を人間が行なうと，Z8000くらいのLSIで，2人1組のグループで1回チェックするのに約1か月ほどかかる．2回やれば2か月である．さらに，論理の変更の確認を人間がやるのは，神業に近い頭脳と集中力を必要とした．CADを使用するには回路図を入力したり，デバッグ(確認)用のソフトウェアが必要だったりして，かなりの時間と人数を必要とするが，変更は非常に楽になる，特に精神的な負担はかなり軽減された．CADがなかった頃は，論理を覚えておくためにも集中力を持続させることが必要で，週末はあまり激しい運動などはしないほうがよく，あまり人間的な生活はできなかった．

現在は，回路図通りのウェーハができ上がるようになり，人間が考えた通りのLSIができるようになった．

CADがさらに発達すると，近い将来には，LSIチップができ上がるまえに，設計の品質，性能や収率などが確認できるようになるかもしれない．しかし，ノウ・ハウのデータベースを蓄積するのにかなりの困難が予想される.

失敗しないための方法論

開発の方法論についてもう少し掘り下げてみよう. 現在はすでにVLSI時代に入っており, 市場には多種多様なVLSI製品が供給されている. それらには, 高性能なデータ・プロセッシング(EDP)用32ビット・マイクロプロセッサ, タイマーや割り込み制御用などのシステム・サポートLSI, 大容量の記憶装置であるフロッピー・ディスク制御用などの特殊ペリフェラルLSI, システムに必要な機能がほぼ集積化された高集積化マイクロプロセッサ, 自動車のエンジンの制御を直接に実行できる高性能マイクロコントローラなどがある. さらに, 標準のLSIと小規模集積回路(TTLなどのSSI)の組み合わせでは, 部品点数が多すぎてコストの低減ができなかったり, 必ずしも希望する高いパフォーマンスが得られないことが生じてきた. ここ数年, 簡単にユーザーが設計でき, しかもLSIの配線のみを変えることによって半導体の製造が短期間にできるゲート・アレイなどの製造技術や, その設計に使うCAD技術などが非常に盛んになった.

このように, マイクロプロセッサなどが高集積化, 高性能化, 多様化の道を歩み出した結果, これらを開発するための方法論を確立する必要が生じてきたのである.

新しくマイクロプロセッサなどのVLSIを開発する場合, その仕様を市場に適応させるだけではなく, システム全体の中でそのVLSI製品の位置付けが重要になってきた. そのVLSIのシステム開発支援ツール, オペレーティング・システム(OS), 言語などのソフトウェア, ペリフェラルなどのVLSI製品なども並行して開発を進めなければならない. 全体の開発費用は今では, 32ビットのマイクロプロセッサなどでは100億円を越えてしまうだろう. こうなると開発の失敗は, 半導体メーカーにもユーザーにも非常に大きなダメージを与えてしまう. マイクロプロセッサ誕生以来過去10年以上に渡って開発されたユーザーにおけるソフトウェア財産を生かすためには，単に新世代の高性能マイクロプロセッサを開発するだけではなく，応用分野やユーザーに適した種々のマイクロプロセッサが市場やユーザーから要求されており，2,3の半導体会社だけでは需要を満たすことはできなくなってきた．また，半導体会社にのみVLSI製品の開発を期待していたのでは，「いかに開発を成功させるか」ばかりでなく，「失敗の危険をいかに回避するか」にも明快な答を与えることができず，真の意味でのマイクロプロセッサの未来は期待できないであろう．

このようなユーザーの要求に対して，新世代のプロセスとCADを武器にしたゲート・アレイやスタンダード・セルの事業が，ここ数年大きな進歩を見せた．すなわち，アイデアと開発のやり方を見つけられれば，VLSIであろうが新世代のマイクロプロセッサであろうが，誰でもが希望通りのものを世の中に生み出すことが可能になったのである．半導体事業が第2次産業から第3次産業へと転換しつつあるのが現時点である．

開発の方法論とは，成功への方法論ばかりでなく，失敗しないための方法論であり，決断のための方法論でもある．

開発には大きく分けて3つのグループ，すなわちアーキテクチャ，論理設計，マスク・パターンを含む回路設計のグループがある．

第1のアーキテクチャ・グループは，市場調査部門(マーケティング)と協力して，新製品の提案とその仕様の骨格を決める．同時に，その各々の仕様に優先順位を付けることも重要である．それが，チップ・サイズ，速度，開発期間に大きな影響を与えるからである．次に，それらの情報に基づいて，製品の基本仕様を事業に責任のある者が1人で「Do Your Best」で決断をする．この作業が日本人のもっとも不得意な部分で，いわゆる「日本人の創造性の欠如」といわれる所以である．明治時代から現在まで100年間も続いた「官僚主義」「技術の輸入」「受け身の教育」などが，実践家よりも批評家を生みやすい土壌を作ってしまったのであろう．他人が開発した製品のアイデアの価値は判断できても，自分の考え出したアイデアには価値を見出せないのである．日本人は外国の会社が開発した製品の製造や改良を重要視してしまうのだろう．この性質を変えなければ，問題になっているアメリカとの貿易摩擦は消えないであろう．また，世界に通用する製品の開発の歴史が浅かったせいか，日本人が考える製品の仕様には「日本人クササ」が出てしまう．アイデアの熟成のさせかたが日本人は下手なのかもしれない．すなわち，仕様書(マニュアル)1つとってみても，製品が完成する前に作成されるのがアメリカで，製品が市場に出た後にマニュアルができ上がるのが日本である．

第2の論理設計グループは，論理シミュレーションを含む論理設計の他に重要な仕事が2つある．1つは具体的な仕様書の作成である．近年ソフトウェア技術者がアーキテクチャ設計を担当するようになってきており，さらにユーザーにもソフトウェア技術者が増え，仕様書がソフトウェア技術者向けに作成されるようになった．このため，論理設計者向けの別の仕様書も必要になってきたのである．LSIの論理設計で難しいことの1つは，仕様書に書いてない機能への対処の仕方である．一般的には設計者が自分のレベルで判断してしまうことが非常に多い．次に難しい仕事が論理と回路とパターンを考えた最適化作業である．これには設計のセンスがものすごく要求される．

2つ目は，回路設計グループと共同で，ハードウェア・アーキテクチャの決定と設計ガイドブック(デザイン・バイブル)を作ることである．開発に参加する技術者の人数が増えてきたので，統一した設計思想が必要とされた．また，どのように設計をしていったらよいかデザイン・リポートのようなものを詳細な論理の設計が始まる前に書き上げる必要が生じた．これらのデザイン・ガイドブックやリポートは，開発終了時に最終的な設計確認に使用され，生産移行にも役に立った．

第3の回路設計グループは，マスク・パターンの設計を含んだ回路設計全般を担当する．大規模化に伴い，論理方式にマイクロプログラム方式を採用してもかなりの回路設計量があり，回路シミュレーションとマスク・パターン設計を1パスで行なうことが望ましい．このため，チップ・プラン，1回目の回路設計，ブロック内の詳細なマスク・パターンの計画立案，最終回路設計，そして最後のマスク・パターン設計と，開発の流れに何らかの方法論や設計手段を導入する必要が生じてきた．マスク・パターン設計に広く自動設計の手段が使われるようになったが，コンピュータを使用した自動設計ではCADを開発した人程度の設計のノウ・ハウしか使えないので，最近では，技術者が使えるように会話型のパターン設計CADも市場に広まりつつある．今後のCADに要求されるものの1つとして，各々の技術者のノウ・ハウをいかにデータベースとしてCAD内に取り入れるかということがあろう．

このようにLSI開発には，かなり異質な開発過程がある．各過程での計画立案や設計確認が非常に重要になってきている．さらに開発終了後，VLSIの特性評価だけでなく，何種類かの実際の応用システムにおいて機能，特性などを確認することも重要である．半導体メーカーとユーザーが一層協力しあうことが両者の発展に大きく寄与するであろう．

このLSI開発の方法論は，もともと門外漢であり，何事にも臆病な私が，失敗しないために考え出したものである．

あとがき

創造的開発と時代を切り拓く技術

1969年のマイクロプロセッサ4004の発明以来，今日までの28年間に100種類以上のアーキテクチャを持ったプロセッサが開発された．アーキテクチャとは，拡大解釈すると，「より多様な，より大きな，より複雑な問題を，より高速に，より柔軟に，より使いやすく，より高い信頼度で処理し，かつより安く製造する」ことを可能にさせる「コンピュータに関する構造・枠組みや考えかた・仕様」である．アーキテクチャとはアイデアであり，アイデアとは思想であり個性のほとばしりである．その個性のほとばしりが多くの創造的開発をもたらした．新しいアーキテクチャは，必ずと言っていいほど，新規の応用分野からの特異な要求を満たすべく生まれている．すなわち，「初めに応用ありき，応用がすべてである」と言える．

創造的開発とは，いまだ世の中に存在していない製品を開発することだから，成功という希望と失敗という不安を抱き合わせて，人跡未踏の荒野を羅針盤も持たずに進むようなものである．また，創造的開発とは，芸術や宗教と同じく，自分の世界を創り出すことでもある．したがって，創造的開発における新規概念の創生のためには，強い意志を持って，開発こそ我が道と信じ，人の歩んだ道を行ってはいけない．ところが，開発者の頭の中は誰も知らないから，新規概念の理解者は最初はほんの少数で，無視されたり非常に低い評価しか得られない．いわゆる優秀な技術者ほど，自分が考え出したものよりも他人が考えたもののほうを高く評価しがちである．しかし，自分のアイデアが正しいと思って提案したのだから，自分の表現力がまずかったのか，相手が理解しえなかったのかと思い，不退転の意志で，改めて提案することが大切である．ひ弱で評論家風になりがちな優等生的な頭脳よりも，強く頑固で独断的で決断力と実行力がある回転の速い頭脳のほうが開発に適している．

創造的開発の基本は現状に決して執着しないことである．今まで培った技術やノウハウや経験を捨てることは決して容易なことではない．しかし，経験という過去と現在を分析し，解析し，昇華させ，エッセンスだけを残し，あとは思い切って捨てるのが成功への一歩である．すなわち，改良や改善は創造的開発ではない．次世代マイクロプロセッサの開発においては，使用する半導体プロセスも次世代半導体プロセスとなる．そのため，前世代の半導体プロセスに基づいて考案された開発方法，設計手法，論理や回路やレイアウトそのものが陳腐化してしまう場合が多い．昨日まで信じられていたことが今日はまったく信じられない状況になってしまう．

創造的開発においては仕事の進め方に鍵がある．開発はスピード感を持って人の倍の速度で素早く行なうことが大切である．若いときにスピード感のある仕事の進め方を身につけることは必須である．製品はなまものと同じで，時間が経つと，陳腐化したり，活きが悪くなったりして，誰も買わなくなってしまう．どんなに素晴らしいアーキテクチャを持ったマイクロプロセッサであっても，最初に考えすぎて開発期間が長引き市場への参入が遅れると，大きな機会を失ってしまう．極論を言うと，97% の満足度で開発を進めることが成功への鍵となる．いわば，マイクロプロセッサの開発は未完成の連続であった．人間には常に成長していく能力があり，開発を進めていくと次から次へと新しいアイデアがうかんでくる．これが，最適化作業が必要な理由の 1 つである．自分が使える人や CAD などのリソースと完成日から逆算したスケジュールを考慮に入れて，成長という発散を最適なところで止め，猛然と設計を進めることが重要である．

ところで，開発にはもう一つ重要な教訓がある．開発の初期においては，創造性を発揮させることが最も重要であるので，性善説をとるとよい．ところが，開発の後期においては，仕事の最後のまとめとか設計の検証やレビューでは品質と正確さが要求されるので，性悪説をとらなければならない．

システムを構築する技術は，新世代の「時代を切り拓く技術」により，進化し続けている．1951年に開発されたトランジスタにより「回路の時代」が登場し，続いて，1961年に開発された集積回路により「論理の時代」へと進展し，1971年に開発されたマイクロプロセッサにより「プログラムの時代」へと成長した．前世代の「論理の時代」の代表である集積回路で構築したハードウェア論理回路網をソフトウェアで置き換えた．マイクロプロセッサは，知的能力としてのワンチップマイコンへの道を開くと同時に，高性能マイクロプロセッサへの道を開いた．それまでコンピュータ会社が独占していた閉鎖的なコンピューティング・パワーを創造に挑戦する若き開発者達に解放し，デジタルな世界が登場し，パソコンやワークステーションやゲームが誕生し，ソフトウェア産業が大きく花開いた．やがて，1981年に登場したIBMパソコンにより「OSとGUIの時代」をむかえ，1991年のWWWの登場で「インターネットと言語の時代」が始まった．2001年にどんな新技術が登場するか予想できないが，時代は「コミュニケーションの時代」となる．

マイクロプロセッサは，4ビットから出発し，応用が要求するデータ長とメモリ容量により，8,16,32,64ビットへと急速に成長した．この間に，広範囲の応用問題を応用に適した豊富な命令アーキテクチャで解決したのが，x86プロセッサで代表される，複合化命令セットを持つCISCプロセッサ(複雑命令セット・コンピュータ)である．一方，「昔のコンピュータは複雑で悪かった」という主張をして登場したのがRISCプロセッサ(縮小化命令セット・コンピュータ)である．しかし，縮小化命令セットとして出発したRISCプロセッサは，性能を上げるために，CISCプロセッサと同じく，または，それ以上に複雑な命令を追加して，成長した．現在は，単に，メモリとプロセッサ間の命令をデータのロード(読む)とストア(書き込む)の命令だけに限定したロードストアアーキテクチャのプロセッサとして位置づけられている．より高い性能を得るために，命令の読み込みと解読とメモリアクセスと命令の実行をいくつかの命令間でオーバーラップさせて高動作周波数で解決する技法であるスーパーパイプライン技術や，命令の並列処理で解決する技法であるスーパースカラ技術などが次から次へと導入されている．

1980年代から重要視されるようになったオブジェクト指向技術は，ソフトウェアばかりでなく，プロセッサにおいても重要な技術となっている．オブジェクト指向の時代にあっては，何に対して(Who)何を(What)するかを決めることが重要であって，どのように実現(How)するかは重要でなく，その応用に最適なアーキテクチャを自由に組み合わせて採用すればよいという時代になった．その典型的な例が，マルチメディア用命令であり，メディアプロセッサである．SIMD(Single Instruction Multiple Data)やMIMD(Multiple Instruction Multiple Data)やVLIW(Very Long Instruction Word)などのアーキテクチャが自由に組み合わされて，コンパイラ技術とDRAM技術とともに使われ，応用に特化した多種多様のプロセッサが次々と登場する．

解決しなければならない多くの複雑な問題を抱えた応用にこそ，貴重な宝石の原石がいっぱい埋まっている．それを見つけ出し，カットし，磨き上げることが，創造的開発であり，技術者の叡智であり，開発の面白さなのである．

1997年9月

嶋　正利

参考文献

1) Hoff, M. E., "The New LSI Components," 6th Annual International IEEE Computer Society Conference Digest, pp. 141–143, Mar. 1972.

2) Hoff, M. E., "Consideration for the Use of Micro Computers in Small System Design," Wescon Technical Papers, pp. 263–264, Sept. 1972.

3) Faggin, F. and Hoff, M. E., "Standard Parts and Custom Design Merge in Four Chip Processor Kit," Electronics, Apr. 24, 1972, pp. 112–116.

4) Shima, M., Faggin, F., and Mazor, S., "An N-Channel 8-Bit Single Chip Microprocessor," IEEE International Solid-State Circuits Conference, pp. 55–57, Feb. 1974.

5) Shima, M., Faggin, F., and Ungermann, R., "Z-80 Chip Set Heralds Third Microprocessor Generation," Electronics, Aug. 19, 1976, pp. 89–93.

6) Shima, M., "Two Versions of 16-Bit Chip Span Microprocessor, Minicomputer Needs," Electronics, Dec. 21, 1978, pp. 81–88.

7) Peuto, B., "Architecture of a New Processor," IEEE Computer, pp. 10, Feb. 1979.

8) Shima, M., "Demistifying Microprocessor Design," IEEE Spectrum, pp. 22–30, July 1979.

9) Noyce, R. N. and Hoff, M. E., "A History of Microprocessor Development at Intel," IEEE MICRO, pp. 8–20, Feb. 1981.

10) 嶋正利，鎌田信夫「マイクロコンピュータ・アーキテクチャの諸問題　第1部」，『トランジスタ技術別冊　インターフェース』，pp. 47–62，1975年3月；「マイクロコンピュータ・アーキテクチャの諸問題　第2部」，『トランジスタ技術別冊　インターフェース』，pp. 14–29，1975年6月．

11) 嶋正利「Zilog Z80」，『電子科学』，pp. 31–50，1977年2月．

12) 嶋正利「マイクロコンピュータの誕生と発展」，『日経エレクトロニクス・ブック　エレクトロニクス・イノベーションズ』，pp. 159–185，1981年4月20日．

人名索引

ア行　アンガーマン R. Ungermann　127, 132, 134, 137, 152, 168

カ行　カーング D. Kahng　8

グラハム B. Graham　50, 72

グローブ A. S. Grove　26, 72, 74

ゲルバック Ed. Gelbach　96

コーネイ J. C. Cornet　167

サ行　椎名堯慶　148

ショウ R. Shaw　145

ショックレイ W. B. Shockley　1

タ行　高山省吾　22, 26, 46, 65

丹波堂　11, 13, 52

ツェ K. Sze　159

ドグ K. Duong　159

ナ行　ノイス R. N. Noyce　1, 7, 26, 56, 66, 72, 74, 81

ハ行　バーディーン J. Bardeen　1

バデーズ Les Vadasz　72, 128

パテル C. N. Patel　158, 159

ビセット Steeve Besset　132

ファジン Federico Faggin　69–75, 77, 80, 89, 95, 102, 125, 127, 132, 134, 137, 145, 152, 168

フィーニ Hal Feeney　102

プトー Bernard Peuto　151, 152, 154, 168

ブラッテン W. H. Brattain　1

ホーリニー J. A. Hoerni　1, 6

ホフ M. E. Hoff　2, 23, 24, 32, 41, 42, 43, 46, 53, 54, 69, 78, 102, 125

マ行　増田　22, 50, 52, 78

マトロビッチ P. Matrivich　124

メイザー S. Mazor　29, 30, 53, 71, 125

モーア G. Moore　v, 26, 27, 72, 74

ヤ行　山本厳　96

ヤング・フェング Y. Yeng　97

ラ行　ロウ T. Row　124

■岩波オンデマンドブックス■

マイクロコンピュータの誕生──わが青春の4004

1987年 8 月28日　第 1 刷発行
1997年 10月15日　第 5 刷発行
2017年 5 月10日　オンデマンド版発行

著　者　嶋 正利（しま まさとし）

発行者　岡本 厚

発行所　株式会社 岩波書店
〒101-8002 東京都千代田区一ツ橋 2-5-5
電話案内 03-5210-4000
http://www.iwanami.co.jp/

印刷／製本・法令印刷

ISBN 978-4-00-730611-2　　Printed in Japan